Das Buch
Dass Delfine, Pferde oder Hunde intelligente Wesen sind, ist heute anerkannt. Aber Bienen? Die telepathischen „Gesprächs"-Protokolle der Tierkommunikatorin Tatjana Adams zeigen uns die Bienen als hochintelligente, gemeinschaftsfähige Wesen, die vor Kraft und Lebenslust nur so strotzen. Doch leiden sie unter den Eingriffen des Menschen in die Natur inzwischen in einem Maß, das bedrohlich ist – für die Bienen wie für die Menschen. Denn ohne Bestäubung keine Vermehrung, keine Früchte und keine pflanzliche, gesunde, kraftvolle Nahrung!
Unbeirrt davon versuchen die Bienen, sich auf diese Veränderungen einzustellen und ihre Aufgabe im Kreislauf des Lebens so gut es geht zu erfüllen, als wollten sie uns daran erinnern: Unsere eigene Vitalität und Gesundheit können wir nur bewahren, wenn wir der Natur mit Respekt und Liebe begegnen. Schließlich sind wir selbst aus dieser Natur gemacht. Wenn wir die Natur zerstören, zerstören wir letztlich uns selbst.

Die Autorin
Tatjana Adams ist Physiotherapeutin und Kindertherapeutin – neben Kindern spielten Tiere in ihrem Leben immer eine zentrale Rolle. Schon mit drei Jahren beschloss sie, kein Fleisch mehr zu essen. Dem Thema „Tierkommunikation" stand sie zunächst sehr skeptisch gegenüber, bis ein Gespräch mit ihrer Hündin ihr Leben nachhaltig veränderte. Seither beglückt sie die Kunst, mit Tieren zu sprechen, jeden Tag aufs Neue. Tatjana Adams lebt mit ihrem Mann, zwei Kindern, ihren Bienen, Hühnern und anderen Tieren auf dem Land an der Ostseeküste.

Tatjana Adams

Die Weisheit der Bienen

Wie Honigbienen uns und die Welt sehen

© 2016 Tatjana Adams
© 2016 Reichel Verlag
93055 Regensburg

Tel: 0049(0)941-9459280
E-Mail: mail@reichel-verlag.de
www.reichel-verlag.de

Umschlaggestaltung Christian Wolf
Illustrationen Michael Adams

Alle Rechte vorbehalten. Kein Teil dieses Buches darf in irgendeiner Form oder durch elektronische oder mechanische Mittel einschließlich Datenspeicherung und Abrufsysteme ohne schriftliche Genehmigung des Verlags reproduziert werden, außer für kurze Zitate im Rahmen kritischer Artikel oder Besprechungen.

ISBN 978-3-945574-67-6

Inhalt

Vorwort — 9

Die Bienen — 12
Umweltgifte — 14
Respekt — 16
Benutzung — 18

Im Stock

Aila — 23
Mariella — 27
Harro — 32
Clarissa — 39
Hugo — 43
Ezmeralda — 47
Chloé — 53
Karima — 57
Blumen — 64
Das Fliegen — 67

Die Sinne

Fühlen — 73
Sehen — 77
Sich selbst wahrnehmen — 81
Verstoffwechselung — 86
Tagesgedanken — 92
Sich verändern — 96
Die Welt entdecken — 99
Lebenszyklen — 100
Das Leben lieben — 104
Appetit — 107
Über die Luft — 111
Biene und Bienenvolk — 114
Überlebenskünstler — 119
Geben und Nehmen — 122

Schlusswort — 125
Nachwort — 128
Informationen für Bienenneulinge — 130
Danksagung — 139

Vorwort

Die Biene.

Ein Jahrtausende altes Tier.

Den einen begeistert sie – den anderen verschreckt sie.

Fakt ist, dass sie für das Gefüge der Welt von entscheidender Bedeutung ist! Das wird leider erst jetzt, wo es der Biene sehr schlecht geht, deutlich.

Sie ist das drittwichtigste Nutztier – nach Schwein und Huhn. Ich glaube, das ist sehr vielen Menschen gar nicht klar.

Sie leistet enorme Bestäubungsarbeit bei sämtlichen Blüten und sorgt so für Artenreichtum und Ertrag.

Ohne Bestäubung keine Vermehrung unzähliger Pflanzen und keine Früchte.

Ohne Früchte wird es eng für so manches Tier (auch für uns!!!), die Nahrungskette wird erheblich gestört.

Die Biene verrichtet ihre Arbeit still, leise und unendlich fleißig. Aber ihr Organismus ist sensibel und durch verschiedene Einflüsse ist sie in große Not geraten.

Ein Bienensterben hat begonnen, dem der Mensch verzweifelt entgegenzuwirken versucht.

Mit diesem Buch wünsche ich, ebenfalls einen Beitrag dazu zu leisten, die Biene zu erhalten und ihr ihre Lebenskraft zurückzugeben. Und natürlich auch, die Achtung vor ihr und ihrem Werk zu erhöhen.

Ich hoffe, es gelingt.

Es ist mir durchaus bewusst, dass die Tierkommunikation ein strittiges Thema in der Öffentlichkeit ist. Das liegt daran, dass sie schwer nachweisbar ist, weil sie auf dem Weg der Telepathie funktioniert.

Das bedeutet – ich erwähne das für alle diejenigen, die noch nie Kontakt mit Tierkommunikation hatten, - dass mir die folgenden Kapitel von den Bienen auf mentaler Ebene diktiert wurden. Es sind die Gedanken der Bienen, es ist ihre Sichtweise auf das Leben. Und das hat nichts mit dem Summen zu tun, das wir als Laute von ihnen wahrnehmen.

Für viele klingt das sicher verrückt.

Das verstehe ich sogar. Aber ich möchte an dieser Stelle darauf hinweisen, dass es in der modernen Welt etliches gibt, was nur für einige wenige wirklich verständlich ist. Wer von Ihnen kann zum Beispiel erklären, wie eine so riesige Datenmenge auf einen kleinen USB-Stick passen kann und warum das dann als Film oder Musik wieder herauskommt?!

Ich nicht.

Doch das stellt niemand in Frage, da es im Zweifelsfall erklärbar und beweisbar und außerdem ein fester Bestandteil unseres Alltags geworden ist.

All das trifft für die Tierkommunikation nicht zu. Ich freue mich aber, wenn Sie sich dennoch auf diese kleine Reise in die Bienenwelt einlassen und sie im besten Fall sogar genießen!

Ich erlebe, dass glücklicherweise immer mehr Menschen der Tierkommunikation mit großer Offenheit begegnen und erkennen, dass Tiere - wie wir - eine Seele und eine Persönlichkeit haben.

Besonders Tierhalter, die mit ihrem eigenen Tier sprechen und den Zauber einer solchen Kommunikation fühlen durften, verändern ihre Haltung.

Und nicht selten ergeben sich nach einer solchen Kommunikation sogar spürbare Verhaltensänderungen beim Tier.

Was aber beim Haustier noch möglich und nachvollziehbar ist, erscheint beim Nutztier schon schwieriger - und bei einem Insekt fast unmöglich – ja, fast absurd. Ist es aber nicht.

Ich wünsche mir, dass die Menschen verstehen, dass wirklich jedes Lebewesen großen Respekt verdient. Auch, wenn man es bisher vielleicht nicht besonders mochte oder ihm keine große Beachtung geschenkt hat.

Ich wünsche Ihnen viel Freude mit den Gedanken meiner Bienen.

Tatjana Adams

Die Bienen

Wir haben uns entschlossen, an deinem Buch mitzuarbeiten. Wir sehen es im Interesse aller.

Wir möchten ganz klar nicht unser eigenes Wohl in den Vordergrund stellen.

Aber es dürfte inzwischen jedem klargeworden sein, dass es so nicht weitergeht. Die Entwicklungen, die die Zeit mit sich bringt, sind unerfreulich und Fortschritt wird zum Rückschritt, zum Stillstand, zum Tod.

Ihr wollt immer mehr. Das scheint auch erstmal bequem. Ist aber leider kurzsichtig.

Wir funktionieren als Ganzes. Und nur so.

Alleine könnte keine von uns bestehen. Und wir nehmen uns auch nicht so wichtig. Wir sind Teil der Kette, Teil des Systems. Alles, was wir in unserem Leben tun, dient allen.

Es gibt nichts, was aus reinem Eigennutz geschieht. Darin sehen wir keinen Sinn, so sind wir nicht programmiert.

Allerdings heißt das nicht, dass nicht jeder auch gut für sich selbst sorgt! Auch wir kennen Genuss und erfreuen uns an dem Reichtum der Natur.

Fleiß und Genuss schließen einander nicht aus. Wir finden im Normalfall die Balance zwischen dem Dienste an der Gemeinschaft und der Gesunderhaltung unserer selbst.

Leider haben sich auch da die Dinge sehr verändert.

Umweltgifte

Wir kommen nicht mehr mit ...

An gewisse Dinge kann man sich auch als kleiner Bienenorganismus gewöhnen. Der Körper schafft den Ausgleich. Aber wenn das Maß zu groß wird, entgleist etwas in einem.

Oder der Gesamtorganismus unseres Volkes leidet. Die einzelnen Bienen mögen noch okay sein, aber das sensible System der Gemeinschaft wird gestört.

Wir haben wirklich versucht, mit eurer Welt Schritt zu halten. Aber das ist das Schlimme: Ihr habt die Welt nach euren Bedürfnissen geformt, sie wirklich euch zu eigen gemacht. Der Preis dafür ist, dass andere aussteigen müssen, weil für sie kein Platz mehr ist. So habt ihr das nicht gewollt – aber es ist die Konsequenz. Ihr nehmt Einfluss auf den Lauf der Dinge und tragt somit die Verantwortung für das, was geschieht.

Manche von euch sind wie betäubt. So wie die Biene nach einer Giftaufnahme. Nicht ganz sie selbst. Davon gibt es bei euch so einige.

Und ich hab das Gefühl, etwas steuert euch fremd. Ich weiß nicht, was da die Kontrolle übernimmt – aber gute Mächte sind es gewiss nicht.

Ihr könntet sonst nicht so handeln, wie ihr es tut!

In dem Zustand seid ihr euch ausschließlich selbst am nächsten.

DAS IST NICHT GUT!!!!! So ist die Welt nicht gestrickt.

Einige begreifen das schon – aber das sind noch viel zu wenige.

Wir haben keine Angst um unsere Existenz.

Sollten wir gehen, ist das eben so. Für die, die bleiben, ist es häufig viel schwieriger.

Ihr müsst dann sehen, wie ihr die Lücke überwindet – so es denn möglich sein sollte.

Dazu können wir keine Auskunft geben. Alles, was wir wissen, ist, dass wir einen festen Platz in der Schöpfung haben und dass unser Anteil am Wohle ALLER!!! nicht gering ist. Bei all den Folgen denkt ihr auch wieder nur an euch. Aber was bedeutet es für die anderen Tiere???

Keine Früchte mehr bedeutet keine Nahrung mehr. Oder zumindest ein sehr reduziertes Angebot.

Wahrscheinlich wird es irgendwie weitergehen. Aber die Farbe der Schöpfung verblasst. Das ist nicht gut. Den „Gelähmten" unter euch wird das nicht sehr auffallen. Sie sind so betäubt von Genussmitteln und anderen Früchten des Fortschritts, dass ihnen das Verblassen der Farbe nicht auffallen wird. Sie werden es höchstens schmerzlich am Konsum merken, der sich zwangsläufig verändern muss.

Aber alle anderen werden vielschichtig leiden.

Ich will jetzt hier nicht schwarzmalen oder Unkenrufe ausstoßen. Ich stelle lediglich Tatsachen fest.

Respekt

Wo bitteschön ist euer Respekt vor dem Leben!?!

Es fängt schon ganz banal an! Wer von euch hat wirklich Respekt vor dem eigenen Leben??

Das Leben ist ein WUNDER! Und ein ganz großes Geschenk.

Wer von euch sieht das so?

Und hier ist der Haken. Wenn jemand keinen Respekt vor dem eigenen Leben hat, wird er keinen Respekt vor fremdem Leben haben.

Wenn jemand nicht gut für sich selbst sorgt, wird er auch nicht gut für andere sorgen. Gut im Sinne von Wertschätzung und Achtung.

Ich meine damit nicht, euch selbst zu versorgen. Das schafft ihr alle irgendwie.

Wir wünschen uns mehr Respekt. Vor uns und vor unserem Beitrag, den wir für alle leisten.

Erscheint euch etwas bedrohlich, wird es vernichtet.

Wir greifen zwar auch an, wenn wir das Gefühl haben, uns verteidigen zu müssen.

Aber das ist doch anders. Wir spielen immer mit offenen Karten und gehen mutig in den Kampf.

Und wir setzen immer auch unser Leben ein. Du oder ich. Das ist die Devise.

Das ist ein Naturgesetz.

Im Normalfall sind wir sehr friedfertig. Aber wenn uns Gefahr droht, handeln wir spontan.

Ihr tut das geplant und auch oft aus dem Hinterhalt heraus.

Da geht es nicht mehr um du oder ich. Ihr habt das Gesetz umgeschrieben.

Bei euch heißt es: auf jeden Fall ICH! Denn ich bin schlauer als du! Und ich guck mal, wie ich das Ganze noch zu meinem Nutzen einsetzen kann.

Das klingt jetzt so, als würde ich euch ziemlich geringschätzen.

Das tue ich auch. Bis ihr mir das Gegenteil beweist.

Ich bin offen für alles.

Ich weiß, dass in euch Großes schlummert. Nur wie man es zum Nutzen aller einsetzt, ist euch noch nicht klar. Euch ist noch nicht einmal klar, dass ihr dieses Wissen zum Wohle aller in euch tragt!

Benutzung

Seid ihr schon mal benutzt worden?

Für irgendwas? Als Fußabtreter oder Mülleimer oder auch als Mittel zum Zweck?

Bestimmt. Wie fühlt sich das an?

Scheußlich.

Wenn ihr es realisiert, ist es ganz eklig und tut ziemlich weh. Je nachdem wie stark es war, das Benutzen.

Und dann müsst ihr euch davon reinigen und erholen.

Und dann achtet ihr darauf, dass es euch nicht wieder passiert. Es gibt Menschen, die tappen immer wieder in dieselbe Falle. Geschieht das zu oft, zerbrechen sie daran.

Wahrscheinlich steckt dahinter die göttliche Ordnung. Das so zu sehen ist schwer.

Wir fühlen uns seit Jahren, Jahrzehnten benutzt und ausgenutzt. Es hört gar nicht mehr auf. Es wird immer schlimmer.

Wir haben wirklich versucht, den göttlichen Plan, unsere Lernaufgabe, darin zu sehen.

Es ist uns nicht gelungen. Wir kommen nicht mehr zum Regenerieren, entfernen uns immer mehr von uns selbst und verlieren stetig an Lebenskraft.

Keine sehr erfreuliche Entwicklung, aber wir nehmen sie hin.

Dennoch leben wir ausgesprochen gerne und würden uns wünschen, dass ihr die Welt mit all ihrer Schönheit, mit all ihren Wundern einmal mit unseren Augen betrachten könntet. Das wollen wir nun versuchen.

Wir erzählen euch jetzt, wie wir die Welt wahrnehmen. Vielleicht steckt unsere Sicht euch an, und ihr entflammt für das Leben und für uns und für alles, was zu der Schöpfung gehört.

NICHTS ist überflüssig.

Wie so oft ist es so, dass man erst dann merkt, wofür so manches gut war, wenn es unwiderruflich verloren ging …

Es wäre schön, wenn ihr es erkennen würdet, denn soweit müsste es nicht kommen.

Danke schön…

Wir sind namenlos. Wir sind Teil des Ganzen, die Summe aller Dinge. Namen brauchen wir keine. Jeder von uns hat seine eigene Energie, jeder hat seinen Platz, seine Aufgabe. Jeder ist einzigartig und doch ersetzlich. Das muss so sein! Alles andere wäre katastrophal.

Aber das Buch für euch benötigt Struktur. Sonst ist es schwer zu verstehen.

Also geben wir uns Namen. Sollte allerdings eine von uns im Laufe der Zeit sterben, wird eine andere – mit sehr ähnlicher Energie – ihren Platz einnehmen, ohne dass ihr es bemerkt und ohne dass es wichtig wäre.

Denn dieses Projekt gehört uns allen und wir alle sind daran irgendwie beteiligt.

Aber nun geben wir uns zum besseren Verständnis Namen.

Es gibt mich, Ajou. Ich führe durch das Buch. Ich war das „ich" der Vorbemerkungen.

Ich behalte sozusagen den Überblick und leite euch durch die verschiedenen Themengebiete.

Und dann gibt es all meine Schwestern und Brüder, die nun von ihrer Sicht auf die Dinge erzählen und berichten werden. Auch sie werden sich Namen geben. Ich bin gespannt! Namen sind uns nicht vertraut.

Wir identifizieren und definieren uns über unsere Energie, die wir jeder in uns tragen.

Im Stock

Aila

Ich bin Aila.

Ich bin eine einfache Arbeiterbiene, wie ihr sagen würdet.

Einfach … hm.

Ich lebe gerne als Biene unter vielen. Es ist ein irres Gefühl, derart Teil eines Ganzen zu sein. Ich genieße es, in der Masse zu verschwimmen. Und dennoch ist mir klar, was ich zu tun habe. Ich räume auf. Hier fällt viel Dreck an! Wenn so viele auf einem Haufen leben, gibt es immer Müll und etwas zu tun. Ich putze und räume und ordne.

Ich bin sehr, sehr fleißig und raste kaum. Manchmal fächle ich auch Luft für den Stock. Das ist wichtig, damit alles gut belüftet wird. Wir brauchen ein gutes Raumklima, damit unsere Brut gedeiht! Das ist sehr wichtig für uns! Unsere Lebensaufgabe ist, zu existieren, das Leben zu pflegen und das Bestehen des Volkes zu sichern. Egal, in welcher Funktion wir unterwegs sind, ob im Stock oder außerhalb – die Aufgabe ist immer gleich und wir nehmen sie sehr, sehr ernst.

Momentan bin ich im Stock, am Herzen des Ganzen. Um mich herum brandet das Leben. Manchmal halte ich inne und lasse es um mich herum treiben. Das ist ein irres Gefühl.

Wenn du dich darauf verlassen kannst, dass alles Bestand hat und weitergeht – auch wenn du stehen bleibst. Aber dann bekomme ich einen Schubs von irgendwem und wache auf und mache weiter. Aber so ab und zu ist es schön, die Zeit anzuhalten und um sich herum das Treiben zu betrachten.

Ich fühle mich so geführt und geborgen hier unter meinesgleichen.

Ich hadere nie mit meinem Schicksal. Nie wird mir die Arbeit zu viel oder zu schwer. Ich weiß, dafür bin ich hier! Andere haben vor mir das Gleiche getan und nur so konnte es mich überhaupt geben. Das ist der Lauf der Dinge, das Gesetz unseres Lebens. Irgendwo ist alles ein Kreislauf und speist sich selbst.

Meine Vorfahren haben mir den Boden bereitet, und so tue ich es ihnen gleich für die Nachkommen, die folgen werden. Es fühlt sich so richtig an! Da mangelt es mir an nichts, und ich brauche keine Selbstverwirklichung, keinen Zeitvertreib, keine Muße.

Das alles finde ich in dem, was ich tue. Jeden Tag.

Es gibt durchaus auch sehr schwierige Tage, an denen wir große Herausforderungen bewältigen müssen. Dann läuft nicht alles nach Plan. Das sind die Tage, die uns besonders fordern und an denen wir wachsen.

Ich durfte schon viel lernen in meinem Leben – was mir übrigens nicht kurz vorkommt. Ich weiß, für euch ist ein Bienenleben sehr kurz.

Immer wieder geschehen Dinge, die wir nicht ausgleichen können, bei denen uns kein Instinkt und keine Erfahrung des Volkes helfen.

Wir merken, wenn etwas schiefläuft, können es aber nicht stoppen, keinen Einfluss darauf nehmen, weil wir nicht wissen, wie dem mit unseren Mitteln zu begegnen ist.

Besonders schlimm ist es, wenn der Stock aufgebrochen wird. Dann reißt alles kaputt! Es entsteht ein großes Durcheinander und ein Riesentumult.

Und danach ist Schadensbegrenzung angesagt. An den Tagen haben wir als Arbeitsbienen im Stock sehr viel zu tun, die Ordnung wiederherzustellen. Ordnung ist uns sehr wichtig! Jeder Raum wird optimal genutzt und penibel sauber gehalten. Auch das sichert unser Überleben.

Und dennoch ist da so etwas wie ein Krankheitsgefühl, das wir aber nicht zu fassen kriegen. Wir putzen und putzen und geben uns solche Mühe zur Gesunderhaltung und dennoch ist da dieses schleichende Krankheitsgefühl, das sich nicht beheben lässt. Ich weiß nicht mehr, was ich noch tun könnte zur Gesundung aller. Es scheint ein Fehler im System zu sein. So als wären unsere Gene nicht mehr stark. Als wäre da die Urkraft verschwunden. Ich verstehe das nicht. Sie kommt einfach nicht zurück, so sehr wir uns auch bemühen, die Urkraft kommt nicht zurück.

Ich kann mich wirklich für das Bienenleben und das Bienesein begeistern! Wir haben so tolle Möglichkeiten, wir gestalten das Leben und unser Umfeld so schön! Wir hegen und pflegen, wir sammeln und sorgen. Aber für uns selbst kriegen wir das irgendwie nicht mehr optimal hin. Es ist, als hätten wir uns von unserer Urkraft entfernt. Und das ist selbstverständlich nicht gut und nicht gesund. Aber wie findet man so etwas wieder? Wenn man nicht mehr Herr seiner selbst ist …?!

Schwer zu sagen.

Bis dahin werde ich weiter umso mehr Gas geben und mich immer mehr bemühen, es mit meiner Lebenskraft auszugleichen, dieses Leck zu stopfen und das Leben anzufüllen mit Kraft. Wenn mein Leben dadurch früher verwirkt ist, ist es mir egal. Denn es folgt einem höheren Ziel, was deutlich wichtiger ist als mein eines bescheidenes Leben.

Mariella

Ich bin Mariella.

Ich bin lichtvoll.

Bei mir landen all die wertvollen Güter, die hereingetragen werden. Sie füllen mich von innen mit Licht, weil sie die Sonne mit ihrer Kraft, Wärme und Schönheit in sich tragen.

Es fühlt sich total schön an, diese Aufgabe auszufüllen.

Es ist mir Ehre und Genuss zugleich. Ehrlich gesagt fühlt sich das nicht nach Arbeit an.

Alle Flugbienen kommen an und geben ab, was sie mitgebracht haben. Meist ist das ein Querschnitt durch die bunte Blütenpracht. Und genauso fühlt es sich auch an. Bunt und schön und stark.

Sie übergeben mir ihre wertvolle Fracht. Mit Achtung und Ehrfurcht vor dem, was sie da sozusagen erschaffen haben. Wir sind uns stets darüber im Klaren, dass es keine Selbstverständlichkeit ist, aus der Fülle zu schöpfen. Regentage bedeuten Leere für uns. Viele Regentage bedeuten, dass wir unsere

Vorräte angreifen müssen. Und sehr viele Regentage bringen uns in ernsthafte Not. Daher genießen wir ruhige, sonnige Tage sehr und sind voller Dankbarkeit für das, was wir einbringen können und dürfen.

Wenn ich die bunte Fracht also übernommen habe, nehme ich sie mit all meinen Sinnen wahr. Schädliches versuche ich herauszufiltern. Es gibt Tage, da schmeckt unser Honig bitter, da ist irgendein Fremdstoff drin, der uns nicht bekommt. Ich versuche dann ihn auszusortieren, damit die Süße bleibt.

Für den Nachwuchs gibt es nur das Beste. Wir Arbeitsbienen begnügen uns auch schon mal mit der zweiten Wahl.

Ich liebe die Konsistenz der Stoffe, die ich verarbeiten darf.

Pollen fühlt sich kräftig und stark an. Honig ist voller Energie und Klang. Er ist sanfter und melodischer als der Pollen. Der Pollen hat mehr vom Erdelement, obwohl er von der Blüte stammt. Bei ihm geht es viel mehr um das Werden und Vergehen als bei dem süßen Honig.

Ich mag diesen Unterschied zwischen beiden sehr.

Beides benötigen wir zum Überleben.

Und dann ist da noch das Wasser.

Wasser ist für mich das Wunderbarste überhaupt. Man bekommt es geschenkt. Einfach so.

Da gibt es nichts weiter für uns zu tun. Wasser muss nicht verarbeitet oder veredelt werden. Es ist klar und rein und trägt etwas ganz Grundlegendes für jedes Leben in sich. Still und bescheiden. Aber ich spüre seine Macht, seine Kraft.

Wasser beeindruckt mich total.

In der Regel haben wir hier kein Problem, gutes Wasser zu finden – Gott sei Dank.

Und das meine ich genau so, wie ich es sage.

Dennoch gibt es Unterschiede in der Energie des Wassers. Auch das sauberste Wasser kann energielos sein. Manchmal ist es ohne jede Energie, eben weil es so sauber ist.

Wir nehmen nicht unbedingt vorzugsweise das Wasser, das ihr als sauber ansehen würdet.

Wir gehen danach, wie das Wasser sich anfühlt. Auch können wir es energetisieren. Jede von uns, die es aufnimmt, gibt etwas von sich hinein. Ohne dabei eigene Energie zu verbrauchen. Ich kann nicht erklären, wie das geht, aber so ist es. Mit dem Honig ist es genau das Gleiche. Er trägt unsere Handschrift und ist von unserer Energie geprägt. Weil er uns sozusagen durchlaufen hat.

Aus meiner Sicht werten wir alles auf, was in unsere Nähe kommt. Und was von uns direkt verarbeitet wurde, ist in seiner Schwingung positiv verändert.

Wenn ich die Stoffe also übernommen habe, lagere ich sie ein. Sorgsam und mit Bedacht!!!

Nach und nach werden die Waben angefüllt. Immer wieder fühle ich die Konsistenz und auch die Temperatur. Ob alles so stimmt oder ob etwas verändert werden muss.

Das Fühlen mit meinem Rüssel ist ganz wichtig. Ich fühle dabei auf mehreren Ebenen. Ich fühle auch den Energiegehalt, den Nährwert sozusagen.

Ich fühle, ob genug Sonne darin steckt.

Wenn nicht, mische ich etwas bei, was mehr Energie in sich trägt.

Wenn dann alles passt, wird es verdeckelt.

Sicher verwahrt bis in alle Ewigkeit. Was wir machen, hat Bestand.

Und dann wieder neu: aufnehmen, verarbeiten, fühlen, verwahren.

Und wieder und wieder.

Es ist eine sehr verantwortungsvolle Aufgabe. An meiner Arbeit hängt letztlich das Wohl aller. Wobei das tatsächlich jede von uns behaupten kann.

Es gibt niemanden, auf den wir verzichten könnten.

Jeder schafft seinen Beitrag für die Gemeinschaft und sichert das Überleben aller.

Und so lange er das tut, ist er willkommen. Was wir ganz sicher nicht sind, ist barmherzig. Das können wir uns nicht erlauben. Nur wer stark und in seiner Kraft ist, hat Platz in unserem Volk.

Das hat nichts mit Herzlosigkeit zu tun. Wir ticken einfach komplett anders. Wir sind pragmatisch und können uns geschwächte Individuen nicht erlauben. Das bringt das System aus dem Tritt, lässt es wanken und zusammenbrechen. Im Endeffekt hängen wir da alle mit dran.

Das wollen wir nicht aufs Spiel setzen.

Deshalb brauchen wir über soziale Leistungen, wie ihr sie kennt und nennt, nicht nachdenken.

Was uns nicht zu schlechten Wesen macht. Jeder von uns kennt diese Spielregeln, ist damit groß geworden und kann wunderbar damit umgehen.

Wir freuen uns über die Zeit, die wir in der Gemeinschaft verbringen dürfen, und übernehmen gleichzeitig die volle Verantwortung für uns und unser Tun. Also auch für unser

Wohlergehen. Darum müssen wir uns selbst bemühen. Sollte uns das nicht gelingen, müssen wir die Konsequenzen daraus ziehen.

So einfach ist das.

Wer nicht mehr kann, wird aus dem Stock gebracht und darf in Ruhe regenerieren oder sterben.

Wer arbeiten und mitarbeiten kann, ist jederzeit auch wieder willkommen.

Was in letzter Zeit auffällt, ist, dass wir insgesamt nicht mehr so schillernd und leistungsstark sind. Es ist, als würde uns allen Kraft fehlen.

Aber noch reicht es, die Abläufe aufrechtzuerhalten, und wir alle – jede von uns! – geben unser Bestes.

Harro

Ich bin Harro.

Ich bin ein Drohn – wie ihr uns nennt.

Ich bin anders. Nicht so wie die Damen.

Ich habe sehr viel Ruhe und Gemächlichkeit und lasse mir gerne die Sonne auf den Bauch scheinen.

Wir werden hier sehr gut versorgt, regelrecht hofiert.

Unsere Aufgabe ist wahrscheinlich die wichtigste überhaupt. Wir sichern das Überleben.

Ohne uns keine Nachkommen. Wir nehmen unseren Job sehr ernst und warten alle auf den einen großen Tag, an dem wir unseren Samen weitergeben dürfen. Uns ist durchaus bewusst, dass wir diesen Moment mit dem Leben bezahlen. Das sehen wir aber nicht so.

Es ist viel schlimmer, nicht zum Einsatz gekommen zu sein. Dann werden wir faul und träge und fühlen uns wie Ballast. Als solcher werden wir dann ja eines Tages auch entsorgt.

Für mich ist der Sinn des Lebens das Leben an sich. Dazu gehört eben ganz elementar, es auch weiterzugeben. Nur dafür bin ich hier.

Bis dahin darf ich es angenehm und schön haben. Ich bin aber nicht immer faul und bequem.

An manchen Tagen werde ich sehr munter und schwärme aus. Auf der Suche nach einer Königin. Es ist wie eine innere Stimme, die mich dann ruft. Instinktiv weiß ich wohin.

Ich hab ihn noch nicht erlebt, diesen großen Tag, wo alles stimmt. Aber es ist in mir gespeichert durch meine Vorfahren.

Unsere Rolle ist so entscheidend und wird von euch nicht gewürdigt.

Wir sind Teil des sensiblen Systems. Zu Zeiten, wo Schwarmbildung und Vermehrung angesagt sind, werden vermehrt Drohnen nachgezogen, damit der Genpool, die Auswahl vorhanden ist und die Wahrscheinlichkeit einer erfolgreichen Begattung steigt.

Es ist eine aufregende Zeit für uns, da wir nie wissen, ob alles gelingt. Sehr viele Faktoren können störend einwirken. Auch das Wetter. Und natürlich möchte jeder von uns seine Aufgabe erfüllen. Dann fühlt es sich nach einem vollendeten Leben an.

Die Gemeinschaft trägt uns so lange, bis wir zum Einsatz kommen. Auch Versuche werden toleriert. Aber wenn das Jahr fortschreitet, die Nächte kälter und die Nahrung knapper wird, ist es Zeit für uns zu gehen. Da sind wir recht unterschiedlich. Einige gehen von selbst. Andere werden gebeten und wieder andere werden gezwungen zu gehen.

Wir übernehmen auch mal kleine Aufgaben im Stock. Pflegen oder Fächern ein wenig und temperieren den Stock mit. Es ist nicht so, dass wir gar nichts tun.

Aber in der Regel warten wir auf den einen Moment, wo etwas in uns ruft und wir sofort starten müssen.

Ich bin auf die Ernährung durch mein Umfeld angewiesen. Aber Wasser aufnehmen kann ich selbst.

Und je nachdem, wie alt ich bin, fliege ich mehr aus oder bin mehr im Stock beheimatet. Solange ich im Stock bin, übernehme ich Hilfstätigkeiten. Ich stehe nicht nur auf fremden Füßen oder im Weg rum, so ist das nicht!

Ich habe meine festen Rollen, zu denen ich gebeten werde. Ich mache nur nicht so viel von selbst, mich muss man manchmal schubsen.

Es ist schwieriger für uns geworden, Weibchen zu finden. Das Angebot ist knapper geworden.

Es gibt weniger Bienenvölker und dadurch reduziert sich die natürliche Vermehrung.

Ich finde das recht frustrierend, aber wir Drohnen sind zum Glück darauf gepolt, dass auch ein Leben verstreichen kann, ohne dass wir unsere Bestimmung erfüllt haben.

Aber das Bestreben nach Vollendung ist natürlich immer da.

Ich fühle mich irgendwie nicht mehr so frei und wild wie einst. Ich weiß, es gab mal eine andere Energie in den Drohnen. Irgendwas ist da abgestorben oder zurückgegangen. Ich kann es mir nicht erklären und wünschte mir etwas von dieser Urkraft zurück. Das würde uns allen guttun.

Ich kann nicht genau sagen wieso, aber ich fühle mich manipuliert. So, als wäre meine Realität fremdbestimmt. Es gibt kurze freie Momente, und die genieße ich sehr. Aber da sind eben auch viele, die sich neblig und überschattet anfühlen.

So, als wäre ich oder eben dieser männliche Teil des Systems nicht mehr ganz er selbst. Aus der Spur geholt – durch euch? Ich weiß es nicht. So einfach ist es wahrscheinlich nicht. Da kommen schon noch mehr Faktoren hinzu. Aber irgendwie führt jeder dieser Faktoren wieder zu euch zurück.

Ihr habt schon in einer ganzen Menge eure Finger drin. Das wäre mir zu anstrengend. Stellt euch mal vor, die Verantwortung, die man dadurch trägt!!! Nee. Das ist nichts für mich.

Ich finde es schön, nur für mich verantwortlich zu sein und doch eine so wichtige Aufgabe für das Ganze leisten zu dürfen. Deshalb nehme ich auch gerne so manche Unannehmlichkeit in Kauf.

Mich begeistert das Leben in der Gemeinschaft und es fühlt sich gut an, von allen getragen zu werden. Aber mir ist wichtig zu erwähnen, dass auch ich meinen Beitrag zur Gemeinschaft leiste. Jeden Tag.

Ajou

Der Winter naht. Wir sammeln uns. Alles wird heruntergefahren und wir zentrieren uns auf uns.

Ich mag den Winter. Er mag hart sein – aber wir sind gut vorbereitet.

Er ist eine Prüfung für jedes Volk. Manches Mal erhält man eine Chance und kann aus Fehlern lernen. Manches Mal kostet es das Volk das Leben.

Ich glaube, wir sind dies Jahr gut vorbereitet.

Es ist schwer geworden, die Winter einzuschätzen. Vieles hat sich verändert und so manche alte Regel gilt nicht mehr.

Aber wir haben uns ganz gut angepasst und kommen mit den klimatischen Veränderungen recht gut zurecht.

Im Winter reduzieren wir die Stärke des Volkes drastisch. Alles geht auf Sparflamme. Wir sind gerade so viele, dass wir im Verbund überleben können.

Wir produzieren Wärme und versorgen uns auf einem Minimum. Leben von dem, was wir über das Jahr gesammelt haben. Es trägt die Farben des Sommers, hat seine Energie und gibt uns Kraft und innere Wärme.

Ich liebe das. Alles ist genau aufgeteilt, jeder weiß, was er zu tun hat. Ein jeder ist wichtig! Und wir wechseln uns ab. Keiner soll über sein Maß belastet werden.

Wir fühlen uns wie eins. Und besonders wichtig ist das Überleben unserer Königin. Sie arbeitet hart für unser Überleben und nur mit ihr sind wir überhaupt in der Lage dazu.

Ein Volk ohne Königin ist wie ein Mensch ohne Kopf. Da geht nichts mehr. Wir funktionieren noch kurz, aber wenn wir das Problem nicht abwenden, fallen wir.

Ein normal gesundes Volk kann das problemlos schaffen. Da greift der Notfallplan, der in allen gespeichert ist, und wir reagieren wie automatisch. Das geht Hand in Hand und dann ist alles wieder in Ordnung. Es ist eine große Erleichterung, wenn die neue Königin geschlüpft ist!

Der Winter ist die Zeit der Ruhe. So, wie das Frühjahr die Zeit der Reinigung und der Erneuerung ist. Der Sommer ist die Zeit der Fülle und des Glücks und der Herbst die Zeit der Verarbeitung und des Genusses. Wenn man die Jahreszeiten wirklich so lebt, wie sie sind, kann man nicht entkräften. Dann ist man zu Großem bereit.

Ihr habt durch euren Fortschritt die Nacht zum Tag gemacht. Den Winter zum Scheinsommer, und die Zeit der Ruhe, des Rückzugs und der Regeneration fehlt euch komplett. Da müsst ihr euch nicht wundern, dass so viele von euch einen Burn-out bekommen!

Ihr nehmt keine Rücksicht auf die Bedürfnisse des Körpers. Auf das Einatmen und das Ausatmen des Lebens.

Und so langsam übertragt ihr es auf uns. Menschen, die sich schon etwas mehr geöffnet haben, wissen, dass Tiere – so sie im eigenen Umfeld leben – ihren Menschen etwas spiegeln. Probleme und Schwächen zum Ausdruck bringen.

Wir werden immer mehr domestiziert und können uns daher auch diesem Gesetz nicht entziehen. Im Grunde genommen seht ihr in unserer Entkräftung und der Entfernung von uns selbst letztlich nur euch selbst ...

Könnt ihr das annehmen? Es wäre schön.

Und wenn man dann aus der Ruhe und Regeneration in die Reinigung und Erneuerung tritt, packt einen das Leben derart, dass man vor Begeisterung mitgerissen wird. Dann ist alles so bunt, so phantastisch, so intensiv, dass die Zeit der Ruhe sich doppelt gelohnt hat.

Ich glaube, diesen Effekt kennt ihr alle nicht mehr. Aber ihr sehnt euch danach. Keiner wünscht Entbehrung. Ihr könnt immer, zu allen Zeiten! alles haben. Der Preis dafür ist aber, dass Gewöhnung einsetzt. Und die verschüttet Dankbarkeit. Und Dankbarkeit bringt Glück. So ist alles ein großer Kreislauf, den ihr auch auf anderer Ebene mit eurem Eingreifen aus dem Tritt bringt. Und den Preis bezahlt da tatsächlich ausschließlich ihr selbst.

Ich liebe den Moment des ersten Fluges. Er sprengt alles. Das Licht, die Luft, die Freiheit, die Farben, die Gerüche, die Geschmäcker! All das ist unfassbar intensiv. Jedes für sich alleine bereits und alles zusammen haut mich fast um.

Ich sehe darin nicht die Schwere des Überlebens oder fühle noch den harten Winter in mir. Nein. Ich erlebe nur den Moment, und das sehr, sehr intensiv.

Es ist tatsächlich wie immer und überall eine Frage dessen, wie man etwas betrachtet. Und ich betrachte mein ganzes Dasein mit Dankbarkeit und Freude. Unter dem Aspekt macht nichts Mühe und nichts ist zu schwer.

Herausforderung oder Last? Jeder hat selbst die Wahl. Ich lebe gerne, und daher ist für mich alles, was hart sein könnte, eine Herausforderung. Mehr nicht.

Und ich kämpfe bis zuletzt um mein Überleben.

Ich flieg auch noch raus, wenn ich eigentlich schon gar nicht mehr kann. Aber dieser Moment des Fliegens und der Anblick dieser Fülle ist es jede Sekunde wert. Selbst wenn ich nicht zurückkehren sollte.

Aber auch im Stock fühle ich mich sehr wohl. Es ist lebhaft und geordnet und so schön anheimelnd und gemütlich. Wir haben so tolle Möglichkeiten und sind so gut organisiert! Da macht das Leben in der großen Gemeinschaft einfach Spaß.

Clarissa

Ich bin Clarissa.

Ich bin Hüterin des Stockes.

Meine Aufgabe ist wie jede in unserem Gefüge unerlässlich.

Ich wache über die Sicherheit der Bienen, sorge für einen ungestörten, reibungslosen Ablauf.

Jede Biene, die um Einlass bittet, wird von mir überprüft. An mir kommt niemand ungesehen vorbei. Natürlich habe ich noch viele Kolleginnen. Ich spreche nun also im Namen aller.

Wir patrouillieren am Eingang und fangen jeden ab, der rein will. Freund oder Feind?

Feinde werden sofort bekämpft. Das kann hoch hergehen und sehr gefährlich für uns werden. Nicht selten sind die Feinde größer und stärker als wir und gehen sehr gezielt und rücksichtslos vor.

Oftmals scheint unsere Verteidigung aussichtslos. Aber so denken wir nicht. Wir sind zielorientiert und hinterfragen in dem Moment nichts. Wir überblicken nicht die gesamte Situation – es würde uns nur entmutigen. Wir handeln unserer Aufgabe gemäß und geben im Zweifelsfall unser Leben dafür.

Ich habe schon viele Feinde abgewehrt. Auch solche, die um ein Vielfaches größer waren als wir. Es ist in der Tierwelt bekannt, dass wir wehrhaft sind und zu unserer Verteidigung alles geben.

Normalerweise wollen die Angreifer an unsere Honigvorräte. Um uns persönlich geht es sehr, sehr selten. Wir sind nicht das klassische Futtertier in der Nahrungskette der Natur. Aber unser Honig! Da wissen viele, wie wertvoll und nahrhaft er ist. Aber für den haben wir hart gearbeitet, und wir benötigen ihn selbst für unser Überleben.

Gerade im Herbst, wenn es auf den Winter zugeht, können wir uns keinerlei Verluste erlauben!

Im Sommer mag eine räuberische Attacke noch auszugleichen sein – es hat höchstens Auswirkung auf die Stärke des Volkes. Nicht auf das gesamte Überleben des Volkes. Aber im Herbst wäre es unser Tod.

Also muss ich besonders wachsam sein.

Wenn es kälter wird, brauchen wir uns nicht mehr vor Flugfeinden zu fürchten. Die können dann selber nicht mehr losziehen.

Dann wird es ruhiger – auch für uns. Und wir reduzieren die Zahl der Wächter.

Je nach Volksstärke, mit der wir in den Winter starten, können wir uns mehr oder weniger Wächter im Winter erlauben.

Denn auch da ist die Gefahr nicht gebannt! Da lauern Fraßfeinde wie Maus oder auch Dachs!

Ich versteh sie ja – auch ihnen geht es nur um das Überleben. Und unser Honig ist wirklich schmackhaft und nahrhaft. Aber jeder muss für sich selbst sorgen und, hat er es nicht ausreichend getan, alleine die Konsequenzen tragen. So hart das eventuell auch sein mag.

Aber meine Aufgabe ist tatsächlich auch im Sommer – in der Zeit der Fülle – extrem wichtig.

Viele sehen unsere Produkte als Früchte des Sommers und bedienen sich daran. Das können wir natürlich nicht zulassen!

Auch Räuberei unter Bienenvölkern ist gar nicht so selten! Daher wird JEDE Biene, die Einlass begehrt, von mir kontrolliert. Sie muss nicht zwingend zu unserem Volk gehören. Auch Zuwachs von außen ist erlaubt. Aber nur, wenn sie in friedlicher Absicht kommen und nicht schmarotzen. Hat also eine Biene fleißig gesammelt, ist aber von ihrem eigenen Stock aus irgendwelchen Gründen zu weit entfernt, kann sie gerne bei uns einziehen und mitarbeiten. Aber ohne Beladung, nur um sich von uns zu nehmen, darf keiner rein.

Meist gelingt diese Strategie. Aber manchmal werden wir ausgekundschaftet.

Völker mit viel Honig und wenig Bienen haben schlechte Karten.

Der Honig muss immer proportional zur Volksstärke sein, damit wir ihn auch verteidigen können. Ist das nicht der Fall, werden wir eingenommen…

Das ist dann ein schwarzer Tag für meinen Berufsstand. Wenn wir die Festung nicht halten können, haben wir unsere Aufgabe nicht umgesetzt. Aber in jedem Fall geben wir unser Bestes! Das ist gewiss.

Unsere gefährlichsten Feinde was Räuberei angeht, sind tatsächlich wir selbst. Keiner kennt unsere Abläufe, unsere Mechanismen und unsere Denkweise so gut wie wir selbst. Mit eigenen Waffen geschlagen und hinter die Reihen gemogelt haben wir häufiger keine Chance, als wenn so ein Bär, eine Maus oder auch Wespen zu uns kommen. Die schlagen wir schon eher in die Flucht. Das kostet uns nicht viel.

Zum Glück kommen diese Übergriffe eher selten vor.

Meist ist meine Arbeit sehr friedlich. Ich begrüße die einfliegenden Bienen und genieße die Wärme, die Farben und die Energie, die sie mitbringen. Sie schwingen schön und haben einen reichen Klang. Sie tragen so viel Schönes und Klangvolles an sich, dass das auf uns abfärbt.

Mit ihnen kommt Licht und Wärme in den Stock und ich stehe im Einflugbereich. Ein gutes Gefühl.

Wir begegnen einander freundlich und mit Respekt. Es gibt keine Rangeleien oder Unfreundlichkeiten. Alles ist ein fester Ablauf, der ritualisiert ist.

Und alle fühlen sich gut dabei. Solch feste Abläufe geben Halt und Sicherheit. Das tut uns allen gut.

Ich liebe diese Position am Einflugloch!!!

Wir haben nicht mehr so sehr viel Kraft. Reinigung und Erneuerung ist das, was Kraft und Energie gibt. Wir werden viel in unseren Abläufen und Prozessen gestört. Das ist unangenehm.

Es braucht eine Art ultimativen Befreiungsschlag.

Damit wir wieder wir selbst sind und nicht so ferngesteuerte Wesen.

Hugo

Ich bin Hugo. Ein Drohn.

Ich bin schon lange tot.

Zu meiner Zeit waren wir Bienen ein stolzes und extrem kraftvolles Volk. In uns steckte der Rhythmus der Natur und eben auch ihre Kraft.

Wir waren Ausdruck der Fülle und des Reichtums der Natur. Natürlich waren wir auch ihren Gesetzen unterworfen – wie jedes Lebewesen.

Dazu gehört auch die Vergänglichkeit. Manchmal ist das sehr bedauerlich und manches Mal ist es ein Segen. Je nachdem, in welcher Position man sich gerade befindet.

Einst war es traurig, dass das Leben dem Stern des Wandels unterlag. Heute hoffen wir darauf. Denn unsere heutige Situation ist nicht gut und weit entfernt von jenem kraftvollen Gefühl damals.

Ich will nicht sagen, dass die Vergangenheit besser war. So ist es nie. Alles hat seine Zeit.

Ich will nur darauf hinweisen, was uns verloren gegangen ist und was es gilt wiederzuerlangen, um zu alter Stärke zurückzufinden. Wild waren wir. Unberechenbar und frei.

Man hat uns gezähmt. Aber das hat seinen Preis gefordert.

Und ehrlich gesagt hat besonders mein „Berufsstand" gelitten. Wir – also die männliche Energie des Bienenschwarms – werden sehr herabgewürdigt. Unsere Rolle wird fast belächelt und inzwischen sogar künstlich ersetzt. Das ist eine Katastrophe. Denn alles ist wie überall eine Symbiose beider Teile – männlich und weiblich. Nur zusammen entsteht ein Ganzes. Und uns wird der männliche Anteil immer mehr geraubt. Das wirkt sich im Ganzen aus. Wir verlieren uns und sind nicht mehr ganz. Für das Gleichgewicht braucht es immer beides. Vergesst das nicht. Einfach so die Dinge künstlich ersetzen, dem Lauf der Natur ins Handwerk pfuschen, wird sich rächen. Wenn nicht an euch, dann an denen, mit denen ihr es macht. Wir haben inzwischen ein Identifikationsproblem – weil uns eine entscheidende Seite fehlt, leider.

Es ist nicht zulässig, in den Lauf der Dinge derart einzugreifen.

Es kostet uns Kraft – ganz tief drinnen. Dieser Energieverlust macht sich nicht in einer Generation bemerkbar – das braucht länger. Aber wenn er einmal bis tief in die Wurzeln eingedrungen ist, richtet er wirklich richtigen Schaden an und ist auch nicht mehr umkehrbar! Dann braucht es Generationen, um sich wieder zu erholen! So ist es bei uns…

Ich trage noch diesen tiefen Stolz und diese unbändige Freiheit in mir! Und ich bin gerne bereit, das an meinesgleichen weiterzugeben – aber die können es gar nicht mehr annehmen. Sie sind bereits sehr weit entfernt von sich selbst. Von der Ursprünglichkeit ist nicht mehr viel vorhanden. Es wird Zeit, umzudenken und uns wieder mehr Eigenständigkeit und Kompetenz zuzusprechen!

Bitte nach und nach – denn zu viel auf einmal können wir gar nicht tragen. Wir müssen da erst wieder hineinwachsen. Aber wir werden es dankbar annehmen.

Ajou

Wir wollen leben. Dass das ganz klar ist! Wir wollen leben. Uns ist unser Leben nicht zu hart oder zu anstrengend! Wir finden unser Leben schön! Und wir sind nach wie vor hochmotiviert, uns an die Lebensumstände anzupassen! Mögen sie auch noch so widrig sein.

Wir alle leben gerne, durchlaufen gerne die verschiedenen Stadien unseres Seins und erleben das Leben als etwas sehr Intensives, Beglückendes und Bereicherndes.

Leben ist für uns weder Pflicht noch Qual. Es ist Fügung.

Und Geschenk.

Gut – manchmal ist es mühevoll. Aber das ist dann auch immer für etwas gut. Der nächste Schritt ist meist Gewinn.

Für uns steht das Ausfliegen an letzter Stelle.

Ihr seht darin tatsächlich mehr die Mühsal. Wir tun das nicht. Wir fühlen das Glück und die Begeisterung und danken dafür, es tun zu dürfen. Damit wird alles leicht.

Den Lauf der Natur akzeptieren. Allem seine Zeit und seinen Raum lassen. Manches einfach aushalten und zulassen. Die Dinge laufen lassen, wie sie sind, und als gegeben annehmen. Das hilft.

Wir können nur so leben. Wenn wir uns Gedanken über alles und jedes machen würden und jede Veränderung hinterfragen und beeinflussen wollten, wären wir wahrscheinlich nicht mehr am Leben.

Wir leben in die Dinge hinein. Wir versuchen einfach, mit den Gegebenheiten zurechtzukommen. Uns anzupassen. Evolution in gelebter Form.

Es ist tatsächlich möglich, dass der Körper sich an Gegebenheiten anpasst, von denen er zum Zeitpunkt seiner Entstehung noch nichts wusste. Die Natur ist so unfassbar flexibel. Das Leben ist unendlich stark.

Betrachte einen Baum, der gekappt wurde. Das Leben bricht aus ihm heraus! Es lässt sich nicht kappen. Wir vertrauen dem Leben.

Wir alle werden aus derselben Quelle gespeist und das vereint uns sehr.

Ich will nicht sagen, dass bei uns alles eitel Sonnenschein ist. Aber tief drin ist dieses tiefe Gefühl, dass alles gut und richtig ist.

Ezmeralda

Ich bin Ezmeralda.

Meine Aufgabe ist die Pflege der Brut. Das ist gar nicht so einfach. Da sind ziemlich viele Entscheidungen mit verbunden!!!

Männliche oder weibliche Brut? Wie ist das Gleichgewicht im Stock?

Überhaupt mehr Brut? Wie ist das Verhältnis Brut zu Nahrungsangebot?

Das will alles wohl und weise angepasst sein!!!

Brauchen wir mehr Arbeiterinnen, um uns auf das Schwärmen vorzubereiten?

Spielt das Wetter mit? Doch lieber wieder etwas reduzieren???

Und ganz wichtig – brauchen wir eine neue Königin?

Geht es allen gut? Laufen die Stadien der Entwicklung reibungslos?

Ist noch genug Bauplatz vorhanden?

Legt die Königin noch genug Eier??

Ihr seht … ich muss das Gesamtgefüge im Blick haben. Inklusive der äußeren Einflüsse. In der Hochzeit der Brut ist Regenwetter problematisch. Die Ernährung aller muss gewährleistet sein. In schlechten Zeiten kann man sich nicht unangemessen vermehren. Aber ein wenig Nachwuchs muss natürlich sein, damit das Volk weiterbestehen kann! Ein sehr sensibles Gleichgewichtssystem, was ich unter meiner Verantwortung trage.

Es fordert mich sehr und füllt mich vollständig aus. Ich mache diesen Job sehr gerne. Es begeistert mich immer wieder aufs Neue, wenn die frisch geschlüpften Bienen „aufwachen", sich umsehen, sich orientieren und sich dann sofort in die Menge integrieren. Das ist ein wahres Naturschauspiel.

Jede weiß sofort, was sie zu tun hat. Das ist in uns gespeichert wie in einem Plan. Wir müssen uns dafür weder anstrengen noch etwas lernen. Es ist uraltes gespeichertes Wissen.

Ebenso kenne ich meine Aufgabe und worauf ich zu achten habe.

Die Dosierung, Zusammensetzung und Qualität des Futters für den Nachwuchs ist von entscheidender Bedeutung.

Wenn ich den Zeitpunkt verpasse, Drohnenbrut zu vermehren oder Königinnenzellen anzuordnen, kann das gesamte Gefüge aus den Bahnen geraten. Es kann dem gesamten Volk das Leben kosten. Ich muss so etwas vorausfühlen. Bevor es kippt!!! Ist das Verhältnis erst einmal gekippt, beginnt eine Aufholjagd, die wir nur mit Chance gewinnen.

Aber wenn alles läuft und alles gut geführt ist und die Brut im rechten Maße angesetzt ist, ist mein Job wirklich traumhaft schön. Dann wiegt die Last der Verantwortung nicht mehr, und ich kann ausschließlich genießen. Es ist so schön, Kontroll- und Versorgungsgänge zu machen. Alles strahlt einen solchen Frieden aus! Es ist geschäftiges Treiben und man kann das Wachstum förmlich spüren. Die Erneuerung und das Wachstum sind so kraftvoll! Eine Zeit der Fülle – das ist immer schön.

Natürlich begegnen mir auch Krankheiten und Probleme. Das ist der Teil, mit dem ich nicht so gerne konfrontiert werde, weil da in mir leider nicht zwangsläufig Lösungswege programmiert sind. Ich begegne ihm dann häufig in stereotyper Art und Weise und habe damit nur sehr mäßigen Erfolg. So manches Mal stirbt mir fast die gesamte Brut. Und ich kann nichts dagegen tun! Ich bessere nach, ich versorge mehr, ich reinige wie verrückt! Ich filtere und filtere und nichts ändert sich.

Es kommt auch vor, dass alles normal erscheint. Da ist nur so ein Gefühl, dass irgendetwas nicht stimmt. Aber ich mache weiter, alles wie immer! Und auch die Stadien der Entwicklung scheinen normal. Da ist eben nur dieses Gefühl ... irgendwie klingt die Brut anders. Sie reagiert träger und strahlt nicht so hell.

Und wenn die Brut schlüpft, bestätigt sich das Gefühl. Sie sind nicht normal. Sie sind nicht perfekt ausgebildet, und in ihnen ist nicht all das Wissen gespeichert. Sie sind völlig überfordert mit sich und dem Leben als Biene. Und es sind so viele!!!!! Was sollen wir dann tun? Sie garantieren unseren Fortbestand! In dieser Form ist das unmöglich.

Also schnell neue Brut angesetzt und großgezogen. Aber oft ist es dasselbe Spiel. Manchmal aber auch nicht. Ich habe aber NICHTS anders gemacht. Das Einzige, was differiert, ist das Futter. Das Futter der Königin, von uns und von unserem Nachwuchs.

Ich kann an mir nicht feststellen, dass es mir schadet. Es mag vielleicht etwas bitterer sein als sonst – aber mehr bemerke ich nicht.

Solche Dinge überfordern mich. Aber es bleibt nichts, als weiterzumachen wie gehabt und zu vertrauen, dass sich alles irgendwie regeln wird. Und meist tut es das auch.

Sorge und Angst kennen wir nicht. Wir nehmen alles stets so, wie es ist. Unser Ziel ist immer, das Leben zu erhalten, zu bewahren. Es ist unser größtes und kostbarstes Geschenk. Eigentlich ist es wie ein Schatz, der im gesamten Volk verankert ist und den wir bewahren, bewundern und zur Not bis aufs Blut verteidigen!

Leben ist wirklich alles – nur eins nicht: selbstverständlich.

Ich bin nah dran am Puls des Lebens. Die Erneuerung und die Geburt spüren und miterleben zu dürfen, bringt mich ihm sehr nah.

Ich erlebe es fast als eigenständige Wesenheit, die großen Respekt und tiefste Dankbarkeit verdient.

Es ist gut für mich, das zu spüren – so bleibe ich stets auch meinem Leben gegenüber achtsam und dankbar.

FEIERT DAS LEBEN!!!!!!!

Ajou

Wir freuen uns so, dass wir uns äußern dürfen! Dass unsere Sicht auf die Welt von Interesse ist! Das ist alles neu und aufregend für uns und wir hoffen sehr, dass wir alles gut und verständlich rüberbringen.

Natürlich ist es auch in unserem eigenen Interesse, gehört zu werden. Aber in erster Linie hoffen wir, damit eure Sicht auf die Dinge verändern zu können, damit es euch besser geht. Ihr lebt nämlich in der Fülle und ein sehr großer Teil von euch erkennt das nicht.

Ihr verhungert sozusagen vor dem gedeckten Tisch, und das muss wirklich nicht sein! Ihr habt uns sicher viel voraus: Ihr könnt Einfluss auf die Dinge nehmen, das können wir nicht. Aber ehrlich gesagt bin ich persönlich auch ganz froh darüber. Ich füge mich lieber in die Gegebenheiten, als mich dieser Verantwortung zu stellen. Ihr habt diesen Mut und das ist gut so.

Vieles liegt in eurer Hand.

Und häufig geht ihr auch verantwortungsbewusst damit um. Ich finde nicht, dass ihr absolut kritikwürdig seid. Aber in einigen Punkten wäre etwas mehr Bewusstheit oder großes Denken schon angebracht. Manchmal handelt ihr doch sehr kurzsichtig. Ob aus Unwissenheit, Gier oder Machtbedürfnis vermag ich nicht zu beurteilen.

Was ihr aber definitiv von uns lernen könnt, ist Gemeinschaft. Wie viel Kraft und Potenzial in einer funktionierenden Gemeinschaft stecken. Natürlich ist letztlich jeder allein. Aber so manche Aufgabe wäre gar nicht zu meistern, wenn man sich nicht auf Gemeinschaftsarbeit einlassen würde.

Ich kann euch nur dazu ermuntern. Die Schwierigkeit ist natürlich, dass jeder seinen Bereich mit Begeisterung und Inbrunst ausfüllen muss. Sonst wird das nichts. Einer allein kann nicht alles tragen oder überwachen. Das führt zum Kollaps. Es muss wirklich so sein, dass jeder für sich eine Säule des Ganzen ist. So läuft das bei uns. Jeder geht voll in dem auf, was er tut. Da hapert es bei euch ein wenig. Ihr seid selten zufrieden mit euch selbst und habt dieses „Höher-schneller-weiter"-Denken in euch.

Ihr müsst lernen, auch in kleinen Dingen euren eigenen Fortschritt zu sehen. Entwicklung benötigt Zeit! Wir könnten niemals sofort eine Flugbiene sein! In diese Aufgabe müssen wir erst hineinwachsen. Trotzdem erfüllen wir alle Stationen auf dem Weg dorthin gewissenhaft. Weil wir wissen, dass alles Zeit und Entwicklung braucht. Obwohl jede von uns unbedingt gerne hinaus will! Das ist die Königsklasse des Bieneseins.

Im Menschen ist etwas Seltsames passiert. Er hat seine Anbindung verloren.

In euch war ebenfalls ein solcher Plan wie in uns. Aber anderes hat eine starke Eigendynamik bekommen. Das hat euch einerseits sehr viel weitergebracht! Aber andererseits hat es euch sehr von euch selbst und der inneren Führung entfernt. Ich glaube, es ist nicht einfach, so zu leben. Und Gemeinschaft und klare Aufgabenbereiche geben Halt!! Freiheit, wie ihr sie kennt, haben wir nicht. Und dennoch fühle ich mich freier als viele von euch …!

Chloé

Ich bin Chloé.

Ich bin Flugbiene. Ich bin da angekommen, wo alle hinwollen – endlich.

Und ich kann euch sagen, meine Erwartungen wurden nicht enttäuscht. Also, „Erwartungen" ist vielleicht zu viel gesagt. Aber man hört natürlich das Munkeln von der Welt da draußen. Von den Blumen und Büschen. Von der Sonne und dem Licht. Von den Farben und Gerüchen und von dem Wind und dem Regen. Auch Kälte ist ein Thema bei uns.

Da freut man sich unbändig, wenn man selbst endlich losfliegen darf!

Und natürlich hat man schon eine Art inneres Bild, weil die Bienen, die hereinkommen, so vieles mitbringen. In ihnen stecken Sonne und Wärme, und auch die Düfte können wir aus den Geschmäckern des Mitgebrachten erahnen.

Aber das, was es wirklich bedeutet, hinauszugehen, kann man vorher nicht erahnen.

Diese Welt ist phantastisch.

Es ist eine Explosion.

Gut, dass wir genau gesagt bekommen, wo wir hinfliegen sollen! Ich wäre sonst an meinem ersten Tag völlig überfordert gewesen von all den Eindrücken! Da leuchtet einen so vieles an und es ist ein solches Summen in der Luft, dass man kurz innehalten muss, um diesen Moment zu verinnerlichen.

Alles ist perfekt aufeinander abgestimmt und alles folgt seiner Bestimmung. Alles hat eine so tiefe Richtigkeit, dass es einen tief im Innern berührt. Rausfliegen ist viel mehr, als Pollen oder Nektar sammeln.

Rausfliegen ist Leben tanken.

Das gibt dem gesamten Volk Kraft. Ich kann es nicht beschreiben – aber wir bringen mehr nach Hause als bloß Speisen. Definitiv. Und wenn ich abends in den Stock zurückkehre, bin ich derart erfüllt von wunderbaren und glücklichen Eindrücken, dass ich davon überlaufe und den anderen gerne erlauben kann, sich daran zu laben. So bekommen auch sie ein Bild von dem, was draußen auf sie wartet. So geht es in einem fort. Von Generation zu Generation. Was mir Gutes widerfahren ist, kann ich getrost an die mir nachfolgenden Bienen weitergeben. Und das hat nichts mit Wehmut oder Ähnlichem zu tun. Es erfüllt mich mit Glück.

Rausfliegen ist in keiner Weise anstrengend!

Natürlich – Regen ist sehr erschwerend. Wenn es uns unterwegs erwischt, ist es unangenehm. Aber meist gibt es einen Weg zurück. Und wir haben auch eingebaute Regensensoren. Wir fühlen das Wetter. Wir sind eins mit der Natur. Wir haben uns nie abgespalten. Seit wir von euch so sehr kommerzialisiert werden, ist es allerdings auch damit etwas schwieriger geworden. Es ist nicht leicht, verbunden zu bleiben, wenn ständig jemand in den Ablauf eingreift. Aber wir schaffen es noch ganz gut. Wenn ich draußen unterwegs bin, merke ich davon zumindest nichts. Da bin ich ganz bei mir, ganz bei der wundervollen Natur.

Ich spüre ihren Atem und fühle ihren Puls und könnte jubeln vor Glück.

Natürlich überkommt mich auch mal Erschöpfung. Kälte oder Durst verschlimmern diesen Zustand. Gegen Hunger habe ich meist etwas dabei. Dass ich nichts zu essen finde, ist sehr selten. Wobei ich aber feststellen muss, dass das Spektrum des Nahrungsangebotes stark zurückgegangen ist. Der Klang und die Farbe des Essens sind nicht mehr so vielfältig. Aber Essen in irgendeiner Form finde ich immer, wenn ich rausfliege.

Auch da richte ich mich nach dem Rhythmus der Natur. Ich würde nie im Dunkeln oder bei Regen losfliegen. Ich fliege nur, wenn auch Nahrungsangebot für mich da ist. Hauptsächlich im Sommer. Da schaffe ich es, am Tag etliches zum Stock zurückzutragen. Werden die Tage kürzer, wird auch meine Zeit zum Fliegen kürzer. Ich brauche dazu eher warmes und trockenes Wetter. Sonst sind keine Blüten für mich bereit.

Mit dem Flugbienesein endet mein Lebenszyklus.

Es wird der Tag kommen, an dem ich nicht in den Stock zurückkehre.

Dafür kann es viele Gründe geben. Es lauern viele Gefahren für uns in der Welt draußen.

Aber der wahrscheinlichste Grund ist, dass meine Zeit einfach um ist, dass meine Lebenszeit und Lebenskraft zu Ende gehen und ich eines natürlichen Todes sterbe.

Ohne Unfall oder Aufgegessenwerden.

Die meisten von uns dürfen ihren Lebenszyklus in Ruhe zu Ende bringen.

Verkürzt wird er höchstens durch neue Umwelteinflüsse, denen wir uns nicht produktiv entgegenstellen können. Wir arbeiten an einer Anpassung. Aber stark betreute Völker haben keine Chance dazu.

Wir sind sehr kluge Tiere. Wir selbst schaffen Anpassung und züchten Nachkommen, die anpassungsfähiger sind als wir.

Aber uns werden unsere Königinnen oder die entsprechende Brut geklaut. So können wir es nie zu Ende bringen.

Sanftmütig bis in den Tod. So wollt ihr uns haben. Und ihr formt uns nach eurem Gutdünken.

Aber es bringt uns aus dem Takt, und wir verlieren den Halt.

Mein Eindruck ist, dass die Generationen von heute insgesamt kürzer ausfliegen als frühere Generationen. Die Kraft ist schneller verbraucht.

Aber egal wie kurz oder wie lang dieses Rausfliegen ist – es ist das Schönste, was uns in unserem Bienenleben widerfährt!!

Es ist Lohn und Geschenk zugleich und bringt die Motivation, weiterzumachen. Auch für die nachfolgenden Generationen. Ich liebe es!!!!!!!!

Karima

Ich bin Karima.

Ich bin die Seele des Stocks. Ich halte alles zusammen.

Ohne mich geht nichts.

Aber das ist kein Grund zum Hochmut. Denn ohne die anderen geht auch nichts. Alleine wäre ich nicht viel wert ...

Mein Leben als Königin – wie ihr mich nennt – ist sehr angenehm.

Ich habe nicht so vielfältige Aufgaben und Verantwortungsbereiche wie manch andere Biene im Stock.

Ich habe eine einzige, ganz feste Aufgabe: Vermehrung.

Dabei kann ich eine ganze Menge Verantwortung an die große Gemeinschaft der Bienen abgeben. Sie tragen das alles für mich, damit ich leistungsstark sein kann.

Ich werde sanft von meinen Mitbienen gelenkt. Sie steuern, wie viele Eier ich lege. Sie versorgen meine Brut, und sie versorgen mich wahrlich fürstlich. Ich belohne sie dafür mit Wohlbefinden, das ich ihnen übermittle. In meiner Gegenwart sind die Bienen ruhig und ganz bei sich. Ich kann das ganze Volk damit erreichen und auf ganz andere Art steuern, als es mich steuert. Es ist ein sehr sensibles Gefüge, das aber wie von selbst ganz wunderbar funktioniert. Es ist über die Jahrtausende eingespielt. Ich muss mich bewusst um nichts kümmern. Es sind Automatismen, die ablaufen und uns alle zusammen gut fühlen lassen.

Es kann nur eine von mir geben. Das wissen wir alle. Konkurrentinnen kann ich neben mir nicht stehen haben. Dabei geht es nicht um mich oder mein Ego, wie ihr das vielleicht denkt. Es geht einfach um die Sicherheit im Stock. Zwei oder mehr Königinnen würden für ein komplettes Chaos unter den Bienen sorgen, und es würde das Volk zerrütten. Viele kleine Untergruppierungen könnten entstehen, die nicht mehr zusammen, sondern sogar gegeneinander arbeiten würden. Wir würden uns damit selbst zerstören. Denn zu kleine Gruppen sind nicht überlebensfähig. Eine einzige, klare Führung, die alles zusammenhält, ist nötig.

Es trifft nicht zu, dass mich meine Aufgabe mit unglaublich viel Stolz erfüllt und ich mich dadurch über die anderen erhebe. Ich bin schon stolz auf das, was ich tue – ja. Aber es macht mich dadurch nicht zu einer besseren Biene als die anderen. Meine Aufgabe ist meine Bestimmung, und ich erfülle sie mit der Inbrunst und Intensität, die mir möglich ist. Lässt das nach, merken es die Bienen und setzen mich ab.

Das ist ein ganz normaler Prozess, dem ich mich nicht entgegenstelle.

Meine wohl riskanteste Aufgabe in meinem Leben ist der „Hochzeitsflug". Da muss ich den Stock verlassen und Drohnen suchen, die bereit sind, mich zu begatten.

Ich sende vorher fest meine Intention hinaus, dass ich ausfliegen werde. Diese Information bekommen die Drohnen der gesamten Umgebung und machen sich auf den Weg. Sie warten eh ständig auf ein solches Signal.

Von meinem Flug hängt eine Menge ab.

Gelingt er nicht und verunglücke ich, bedeutet das für das Volk im schlimmsten Fall eine längere Zeit der Führungslosigkeit. Dann ist ein Volk sehr unruhig und arbeitet weder besonders harmonisch noch sehr produktiv.

Aber es bedeutet nicht zwangsläufig den Untergang dieses Volkes! Fehlschläge sind sozusagen eingeplant und ausgleichbar.

Meistens geht alles gut, da ich den Zeitpunkt mit Bedacht und nach Rücksprache mit den anderen erfahrenen Flugbienen wähle. Sie haben sehr viel Gefühl für Wetter und Gefahr. Darauf kann ich mich verlassen.

Ist der „Hochzeitsflug" geschafft, verlasse ich den Stock planmäßig nicht so schnell wieder. Danach richtet sich mein Tun auf die Waben.

Euch mag es stupide erscheinen, den ganzen Tag Eier zu legen. Dem ist aber ganz und gar nicht so. Ich muss sehr fein auf die Stimmung im Stock achten. Ich habe viel mehr zu tun, als nur die Eiablage! Das ist für euch nicht unbedingt sichtbar, weil es auf einer ganz anderen Ebene abläuft. Sichtbar wird es erst dann, wenn ich fehle. Dann könnt ihr sehr deutlich am Volk sehen, dass etwas nicht stimmt.

Ich halte alles zusammen. Ich spüre die Stimmungen, ich gebe den anderen Halt. Durch mich fühlen sie sich sicher und erfüllen ihre Aufgaben mit Hingabe. Ich gebe dem Ganzen quasi den Sinn. Aber bitte wieder nicht falsch verstehen! Das zeichnet mich nicht besonders aus! Es ist nur meine Aufgabe. Mehr nicht.

Wir haben kein Ego wie ihr. Uns geht es nicht darum, uns oder anderen etwas zu beweisen. Alles, was wir tun, dient der Gemeinschaft. Und es ist auch nicht entscheidend, ob wir sterben oder nicht. Das mag seltsam klingen. Aber der Einzelne ist nicht so wichtig oder, besser gesagt, der Einzelne nimmt sich nicht so wichtig.

Alles wird immer nur für die Gemeinschaft getan. Was zählt da das einzelne Leben? Das kann man natürlich nur so sehen, wenn man ganz fest dem großen Ablauf des Ganzen vertraut.

Mir ist ganz klar, dass das Leben immer weitergeht. Deshalb ist es unwichtig, ob ich selbst weiterbestehe oder nicht. Das heißt aber nicht, dass es mir egal ist, ob ich lebe oder nicht!

Ich lebe unglaublich gerne! Ich erlebe das Leben als etwas sehr, sehr Intensives, was ich nie missen wollen würde. Ich würde mein Leben auch nicht freiwillig abgeben. Aber wenn es so weit ist, füge ich mich und weiß, es ist richtig so, wie es ist.

Und mir ist klar, dass mein Volk auch ohne mich weiterbestehen wird. Sie haben verschiedene Notfallpläne oder Überlebensstrategien, die mich definitiv entbehrlich machen – zum Glück.

Zwischen dem Volk und mir besteht etwas ganz Besonderes.

Ich liebe diese Stimmung, diese Wechselbeziehung. Sie erfüllt mich mit Glück. Mir geht es gut, wenn es allen gutgeht und allen geht es gut, wenn es mir gutgeht. Wenn es immer so einfach wäre, gäbe es in eurer Welt weniger Neid und Streit.

Wir können aber auch sehr kriegerisch sein. Das eine schließt das andere nicht aus! Aber in kriegerischer Stimmung ticken wir wie ein großes Ganzes. Wenn die Harmonie zwischen mir und den restlichen Bienen stimmt, gibt es keine Aggression innerhalb des Volkes. Normalerweise habe ich das alles gut im Griff.

Es gibt aber Stressfaktoren, die das Gleichgewicht stören können. Zum Beispiel Futtermangel.

Dann kommt Unruhe ins Volk und es bleibt mir meist nichts anderes, als diese Unruhe nach außen zu lenken, damit sie sich nicht gegen uns selbst richtet. So gehen wir dann geschlossen als Gemeinschaft mit der Aggression nach außen. Und ich kann nicht abstreiten, dass ich einen großen Anteil daran trage.

Ich gebe nicht das Kommando, aber ich unterstütze es und trage das Volk in dieser Stimmung.

Dann kann es auch passieren, dass wir in den Krieg ziehen, um unser eigenes Überleben zu sichern.

Für uns steht immer das eigene Fortbestehen an allererster Stelle. Da nehmen wir keine Rücksicht auf Verluste auf irgendeiner anderen Seite. Das können wir uns nicht leisten, doch das bedeutet nicht, dass wir kalt oder achtlos sind! Es schließt einander nicht aus, respektvoll und dankbar zu sein, und dennoch klar und auf sich bedacht.

Natürlich sind wir froh, wenn es diesen Zustand nicht braucht! Oft ist das ja auch nicht der Fall. Ich will damit nur zu verstehen geben, dass wir nicht nur zuckersüß sind. Das Leben hat immer viele Facetten!

Ihr kennt so etwas ebenfalls – solange Fülle da ist, fällt es leicht, selbstlos und großherzig zu sein. Gerät etwas aus dem Gleichgewicht in eurem Ablauf, kann diese Haltung sehr schnell kippen.

Uns fehlt der persönliche Aspekt, der bei euch immer mit reinspielt und alles emotionaler und komplexer macht.

Wir sind nicht so sehr individualisiert und somit frei von diesem Aspekt. Alles, was wir tun, tun wir im Sinne der Gemeinschaft, und irgendwie tun es dann auch alle durch uns. Der Einzelne steht in dem Moment vollständig im Hintergrund.

Ich finde das Leben als Biene phantastisch! Auch wenn es tatsächlich jeden Tag aufs Neue eine große Herausforderung ist! Aber durch dieses Gefühl der Gemeinschaft verliert das Leben seinen Schrecken, selbst wenn Unvorhergesehenes passiert. Wenn du weißt, dass ganz viele Bienen Seite an Seite mit dir stehen und für dieselbe Sache einstehen wie du, dann gibt das immens viel Halt und Kraft! Das ist für mich das, was ein Bienenvolk und auch das Bienesein ausmacht.

Es ist ein Zauber, eine Magie, die mich packt und nie mehr loslässt.

Ich bin stolz, eine Biene zu sein!

Ajou

Nun haben wir uns und unser Zusammenleben kurz erklärt. In seiner ganzen Komplexität lässt es sich mit Worten kaum darstellen. Es ist mehr ein Gefühl.

Doch wie können wir unser System produktiv für uns stärken? Das ist eine sehr schwierige Frage.

Im Prinzip können uns nur Menschen helfen, die ihre Anbindung an die Natur mit einem ganz tiefen Verständnis für den Lauf der Dinge entweder nicht verloren haben oder zumindest wiedererlangen.

Denn das, worum es geht, kann man nicht lernen wie in der Schule. Es muss gefühlt werden, und es braucht Bauch, Herz und ganz wenig Kopf.

Wir bieten es euch hier an. Wer wieder zurück zu seinen Wurzeln möchte oder diese Seite intensiv leben möchte, der beschäftige sich bitte mit uns!

Es braucht Zeit, tiefes Vertrauen und Handlungen nach dem Bauchgefühl. Das klassische Imkern ist wahrscheinlich nicht der Weg.

Will man wirklich <u>mit</u> uns arbeiten, benötigt man viel Fingerspitzengefühl und keine standardisierten Mittel.

Jedes Volk hat sein eigenes Leben, seinen eigenen Klang, seine eigene Dynamik.

Und man muss fühlen, was der Input bewirkt! Fühlt einmal, welche Auswirkungen Gift an uns hat, wenn ihr uns damit behandelt!!! Es schadet ja nicht nur den Parasiten!

Habt ihr euch schon einmal gefragt, warum wir eigentlich Parasiten haben??? Wofür stehen denn Parasiten? Wahrscheinlich würden viele von euch sich das noch nicht einmal fragen, wenn sie selbst welche hätten ...

Aus eigener Kraft, so wie es jetzt momentan um uns steht, schaffen wir den „Kampf" gegen die Parasiten keinesfalls.

Wir würden uns wünschen, dass mehr gefühlt und individuell gehandelt wird.

Schult eure Sinne an uns, die Welt wird es danken!

Blumen

Wir möchten euch jetzt die Welt aus unserer Sicht zeigen. Öffnet euer Herz, dann könnt ihr dieses Abenteuer auf einer tieferen Ebene erleben. Es lohnt sich! Sozusagen eine 3- oder sogar 4-D-Erfahrung. Hausgemacht.

Es gibt eine Fülle von Blumen.

Jede hat ihre eigene Farbe, ihren eigenen Klang, ihre eigene Schwingung und natürlich ihre eigene Energie und ihren sehr eigenen Geschmack.

Wir wählen sehr bewusst, welche Blumen wir aufsuchen.

Haben wir eine große Artenvielfalt zur Auswahl, wählen wir gerne die Blüte mit der meisten Energie oder der Schwingung, die uns im Stock gerade fehlt. Jede Blume hat auch eine Art Heilwirkung für uns. Außerdem lässt sich diese Energie im Honig und den Pollen konservieren und erhält im Winter unser Leben auf wundersame Weise.

Es geht fast mehr um die Energie, die wir beim Essen aufnehmen, als um die Nahrung an sich.

Ist die Blume gerade frisch aufgeblüht und noch voll mit Nektar beladen, ist es fast ein Rausch, auf ihr zu landen. Es ist fast wie eine Explosion der Sinne.

Wir geben uns dem Rausch aber nicht hin, sondern erfüllen eifrig unsere Aufgabe. Aber unsere Sinne genießen dabei.

Erstrahlen die Farben in der Sonne, tanken wir Licht.

Bringt die Wärme die Blüte zum Klingen, tauchen wir ein in den Genuss des Duftes.

Und wenn der Wind sie sanft schaukelt, lassen wir uns darin treiben.

So wird die Erfüllung unserer Aufgabe, unserer Arbeit, wie ihr es nennt, zum Genuss. Wir lassen uns all die Zeit, die wir benötigen, um auf allen Ebenen gesättigt zu werden. Was zeitlich, je nach Tagesverfassung, sehr unterschiedlich sein kann.

Einen klitzekleinen Teil des Nektars nehmen wir direkt für uns, aber das meiste tragen wir in den Stock.

Unsere Sinne sättigen wir aber in ausreichender Form.

Haben wir genug von beidem, fliegen wir weiter.

Wir sammeln Pollen und Nektar von verschiedensten Blüten, bis wir wieder heim zum Stock fliegen.

Und dann beginnt alles erneut.

In den Zeiten der Fülle kann so jede Biene für sich unterwegs sein und es kommt genug zusammen.

Manchmal allerdings ist ein wenig mehr Struktur und Organisation vonnöten. Dann fliegen wir konzentriert und gesammelt Orte an.

Aber auch da kommen unsere Sinne nicht zu kurz. Jede Biene weiß, dass sie sich selbst auf allen Ebenen gut nähren muss, um ihre Aufgabe im Gesamtgefüge zu erfüllen.

Eine Blume ist für uns Ausdruck des Lebens. Sie ist schön, flexibel, stark auf ihre Weise und berührt uns tief.

Eine Blume erzählt eine Geschichte, schwingt in einer ihr ganz eigenen Weise und gibt, ohne zu nehmen. Und doch bekommt sie etwas zurück. So ist das Leben. Öffnest du dein Herz, vertraust und bietest du dich an, dann wirst du belohnt, ohne dass es dich Mühe gekostet hätte.

Wir finden Blumen phantastisch! Und das liegt ganz sicher nicht daran, dass wir sie für unser Überleben brauchen. Wir sehen das anders.

Wir wissen genau, dass wir einander benötigen – und dennoch zählt für uns in erster Linie die Liebe und der tief empfundene Dank und Respekt füreinander.

Genauso begrüßt uns auch die Blume. Sie bedankt sich für unseren Besuch, denn sie betrachtet ihn nicht als selbstverständlich!!

Und wenn du viele Blumen besucht hast, fühlst du dich reich beschenkt und hast reichlich an sie weitergegeben. Auf einer ganz und gar immateriellen Ebene. Die materielle Ebene existiert bei uns gar nicht. Und das ist ein Segen.

Das Fliegen

Fliegen ... Die Vollendung des Seins.

Für uns bedeutet es Erfüllung und Glück.

Wir bewältigen im Verhältnis zu unserer Größe sehr große Strecken. Wir kommen in große Höhen und erreichen sehr weite Entfernungen.

Ohne jede Mühe.

Klar kostet es den Körper Energie. Aber den können wir ja entsprechend nähren.

Die Welt aus unserer Perspektive zu sehen ist gigantisch schön.

Du erfasst das Ganze, nicht bloß Teilbereiche. Wenn du fliegst und die Welt von oben betrachtest, verstehst du die Komposition des Ganzen. Alles ist so unfassbar schön, komplex und perfekt aufeinander abgestimmt.

Die einzelnen Farben stechen heraus, Formen bekommen eine andere Perspektive. Wenn wir zum Beispiel auf einer

Blüte herumkrabbeln, erfassen wir sie in einer ganz anderen Weise als aus dem Flug.

Im Flug sehen wir wie gesagt das große Gesamtbild. Manchmal halte ich inne und genieße einfach das, was ich sehe. Es ist immer wieder aufs Neue beeindruckend und wahrlich groß. Eine Größe, die sich gar nicht erfassen lässt.

Und dann lässt du dich tragen vom Wind … wirst zum Spielball der Naturgewalten. Der Atem der Erde trägt dich. Sanft und auch mal unsanft. Dann hat die Erde Husten und schleudert uns durch die Gegend und wir sehen zu, einen sicheren Ort zu erreichen.

Die Erde ist nicht immer in perfekter Harmonie. Wenn sie aus dem Lot geraten ist und wütet und schimpft, dann suchen wir lieber das Weite. Dafür sind wir zu zart und zu empfindlich.

Es gibt auch Unterschiede beim Wind. Unterschiede in seiner Stimmung.

Da ist der reinigende, kräftige, aber durchaus wohlgesonnene Wind. Und zum Glück selten der wütende, aggressive und auch transformierende Wind. Der will richtig etwas bewegen und aufräumen.

Wir sind stets im Vertrauen, die Qualität des Windes ist im Grunde nicht so entscheidend für uns. Es beeinflusst nur unsere Reaktion. Dem freundlichen Wind setze ich mich durchaus mal aus und lasse mich durchstrubbeln und freipusten.

Bei dem deutlich fordernden Wind bleib ich lieber zu Hause und warte, bis der Sturm sich gelegt hat …

Aber zurück zum Fliegen.

Es ist ein wunderbares Gefühl, wenn die Luft mich trägt. Ich bin so leicht und so frei und erlebe die vollständige Weite.

Und es ist phantastisch, wenn ich überall da hinkomme, wo ich hin will!

Regen dagegen ist ein Problem, der grenzt das Fliegen sehr stark ein. Und auch Kälte bekommt uns nicht gut. Dann ist es uns unmöglich zu fliegen.

Im Herbst müssen wir im Stock bleiben, weil die wärmende Sonne nicht scheint, die uns den Tisch so reichlich deckt.

Wir nutzen die Zeit der Zwangspause zur Einkehr, Regeneration und Verarbeitung all der Sinneseindrücke, die wir im Laufe des Sommers sammeln durften. Das Bienenwesen wächst.

Und dann, eines Tages im Frühjahr, fühlen wir erneut den Ruf des Lebens. Es wird warm, wir wachen auf, fahren unser System hoch und starten durch. Das Leben im Stock ist vorbei. Es wird wieder geflogen!!!

Es ist wunderbar, die Sonnenstrahlen direkt auf sich zu spüren. Das Gefühl ist unbeschreiblich, und nichts kann es ersetzen.

Alle Entwicklungsstufen, die eine Biene durchläuft, sind wunderschön und jede Stufe hat ihre Berechtigung und ihren tiefen Sinn.

Schön ist es auch, so eng mit dem Volk verbunden zu sein! Diese Verbundenheit fühlt jede Biene, wenn sie auf den Waben lebt und nicht ausfliegt.

Aber der Moment des Fliegens stellt alles bisher Dagewesene in den Schatten. Wer einmal geflogen ist, möchte das nicht mehr missen. Und muss es zum Glück auch nicht. Das ist schon sehr schlau gemacht von der Natur.

Die Einzige, die nur ein einziges Mal fliegen darf, ist unsere Königin. Aber sie ist anders programmiert. Ihre Erfüllung ist eine andere.

Für mich kann ich sagen: Wenn ich fliege, bin ich eins. Eins mit der gesamten Natur. Das Gefühl, Teil des großen Ganzen zu sein, erfüllt mich mit einer tiefen Glückseligkeit.

Und ich bin wirklich stolz und dankbar, eine Biene sein und all das erleben zu dürfen!!!

Danke schön.

Die Sinne

Fühlen

Ihr denkt wahrscheinlich, eine Biene, so ein schnödes Insekt, fühlt nichts.

Weit gefehlt.

Wir fühlen extrem fein. Und wir fühlen mit dem ganzen Körper – so wie ihr.

Aber bei euch wurde dieses Fühlen im Laufe der Zeit sehr überlagert.

Bei uns Bienen dagegen ist es noch ganz fein ausgeprägt. Wir können uns auch ein weniger sensibles Fühlen nicht erlauben.

Unser Fühlen ist sehr wichtig, vieles hängt davon ab, und es erfüllt uns mit sehr viel Energie und Kraft durch die empfundene Freude.

Fühlen ist eine echte Sensation, etwas ganz Großartiges.

Es fängt an mit dem „flächigen" Fühlen. Damit meine ich zum Beispiel das Fühlen der Sonne, des Lichtes, der Wärme.

Das fühlt der gesamte Körper, großflächig.

Wind ist ein ähnliches Gefühl. Du spürst ihn, du nimmst ihn auf, er macht etwas mit dir und du verwandelst das Gefühl in Energie.

Das ist ein sehr bewusster Vorgang für uns.

Dieser Vorgang beeinflusst unseren gesamten Ablauf – sogar im Großen, also bezogen auf das Volk und seine Abläufe.

Ebenso das Licht. Je mehr Licht, desto mehr Aktivität, im großen wie im kleinen Körper. Ich betrachte das Volk als meinen übergeordneten Organismus, dessen Teil ich bin.

Ihr könnt euch nicht vorstellen, eure Gesellschaft auf diese Weise zu sehen. Das löst heftigen Widerstand in den meisten von euch aus. Würdet ihr aber mit dem Herzen sehen, würde sich vieles zum Guten wenden.

Dann wäre nämlich nicht mehr jeder Einzelne sich selbst am nächsten.

Ihr würdet tief im Inneren verstehen, wie euer Handeln Einfluss auf den großen Lauf der Dinge nimmt.

Bei uns hängt unsere gesamte Aktivität von der uns umgebenden Welt ab. Ist es warm, vermehren und nähren wir uns. Aber nur, wenn wir für alle genug zu essen haben!

Verschätzen wir uns, zahlen wir alle gemeinsam den Preis – nicht nur jede einzelne Biene. Es gibt keine Alleingänge oder reine Eigenverantwortlichkeiten. Jeder ist immer für das Gesamtwohl zuständig. Und die eigene Entscheidung betrifft immer auch das Volk, das Ganze.

Fühlen wir Licht und Wärme und die Dauer der Sonneneinstrahlung, bekommen wir Kraft, wir fahren unser System hoch.

Erst im Kleinen – also jeder in seinem Körper -, dann im Großen.

Dieses Fühlen ist also elementar und nimmt direkten Einfluss auf alles, was kommt.

Wir fühlen auch den Luftdruck und die Strömungen, für die ihr blind geworden seid.

Wir spüren auch die Strahlung und die Kraft der Erde, ihre Adern, ihren Puls.

Wie ich das liebe!

Leider verlieren auch wir langsam den Bezug, diesen tiefen Bezug zur Natur. Ist das nicht verrückt? Viele von uns – und es werden immer mehr – haben nicht mehr diesen tiefen Instinkt, sind sich und dem Bienenwesen irgendwie fremd geworden. Ich beobachte das mit Sorge. Es scheint, dass wir nur noch funktionieren, nicht mehr leben. Und das ist ein kritischer, gefährlicher Punkt für uns alle!!!

Das, was als Erstes verloren geht, ist dieses fundamentale Fühlen, von dem ich hier gerade spreche. Und wir können uns nicht erlauben, unsere Sinne zu überlagern oder gar zu verlieren.

Sie sind unersetzbar und sehr tief mit unseren Abläufen im Gesamten verbunden.

Es tut unendlich gut, wenn man sich so eng mit der Natur verwoben fühlt.

Das trägt und erfüllt einen und macht das Dasein leicht.

Neben diesem inneren Fühlen hat das Fühlen noch viele Facetten.

Wenn ich das eine „großflächiges" Fühlen genannt habe, möchte ich das andere „Detail"-Fühlen nennen.

Detail-Fühlen bedeutet, mit unseren verschiedenen Körperteilen zusätzliche Einzelheiten erfühlen zu können. Es hilft uns einmal beim Zurechtfinden und Aussortieren, was brauchbar ist und was nicht – und zum anderen bringt es unglaublich viel Spaß und Freude.

Ich liebe es, die unterschiedlichen Oberflächen der Blütenblätter zu spüren. Aber auch die Erde oder die Feuchtigkeit.

Ich fühle mit den Füßen, dem Saugrüssel oder auch mit meinem Hinterleib. Oder mit allen Körperteilen gleichzeitig, was ich dann als Komposition wahrnehme. Manchmal spiele ich bewusst damit. Fuß, Rüssel, Po, Fuß, anderer Fuß usw., das ist dann wirklich wie ein Tanz, ein gelebtes Lied.

Wie ich das genieße!

Im Stock ist das Fühlen noch entscheidender, weil vieles davon abhängt.

Wir fühlen den Honig, wir fühlen die Brut, wir fühlen das Wachs. Und eigentlich fühlen wir auch den Zustand des Volkes und eventuelle Erkrankungen und reagieren im Normalfall darauf. Dieser Punkt ist leider sehr schwierig geworden.

Aber eine Biene, die nicht auf mehreren Ebenen fühlt, ist keine Biene!

Wir fühlen intensiv und tief und nähren uns auch davon. Wir überleben durch das Fühlen. Es ist sogar unser wichtigster Sinn. Da bin ich mir sicher.

Wir sind keine Roboter. Auch wenn ihr das wohl manchmal glaubt …

Sehen

Beim Sehen möchte ich zwischen dem „inneren" und dem „äußeren" Sehen unterscheiden. Eigentlich sind es zwei verschiedene Sinne – aber ich fasse sie hier zusammen.

Das innere Sehen ist euch ziemlich fremd geworden. Für uns ist es überlebenswichtig. Wir sehen die Aura, die Energie von Lebewesen und danach entscheiden wir, wie wir handeln.

Ebenfalls sehen wir den Sturm, bevor er da ist. Das innere Auge hat ihn vorher erkannt.

Wir sehen den Wetterumschwung oder den Temperaturabfall.

Es ist wirklich fast mehr ein Sehen als ein Fühlen. Die gesamte belebte Umwelt reagiert auf feinste Veränderungen und sieht dann anders aus. Man kann sie auch mit dem äußeren Sehen wahrnehmen – aber da muss man schon sehr gut hinsehen können.

Eine Blüte sieht vor dem Sturm oder Regen anders aus. Auch physisch. Aber vor allem energetisch. Sie sieht den Sturm nahen und wappnet sich. Und wir sehen wiederum dieses Wappnen. Ich kann gar nicht genau sagen, wie diese Kette funktioniert, wo sie beginnt.

Vielleicht geschieht auch alles zeitgleich. Wir alle reagieren auf veränderte Schwingungen und veränderte energetische und magnetische Felder. Wir können gar nicht anders, als das zu fühlen und zu sehen.

Auch die Luft ist dann verändert, sie hat eine andere Farbe, einen anderen Klang.

Im Normalfall werden wir durch unser Sehen rechtzeitig gewarnt und es bleibt genügend Zeit zu reagieren.

Das klingt jetzt schon wieder nach einem schwierigen Überlebensdasein. Das soll es nicht. Ich will seine Faszination darstellen! Es ist eine Freude, so sehen zu können! Die Macht der Dinge dahinter zu erfassen ist phantastisch! Alles ist ein so großes und komplexes Ganzes, dass es auch mich immer wieder neu beeindruckt!

Für mich ist das innere Sehen das größte Geschenk, das ich für mein Dasein mitbekommen habe. Denn dadurch bin ich völlig eingebunden in alles, was ist. Welch wundervolles Gefühl!

Ich bin Teil einer einzigen großen Energie und darf sie fühlen und leben in all ihren Facetten.

Das innere Sehen verschmilzt mit dem inneren Fühlen, wie eine Komposition, die im Inneren geschieht – kraftvoll und erfüllt mit Lebensglück. Ich bin jeden Tag glücklich, auf dieser Welt zu sein.

Das innere Sehen vervollkommnet sich stetig und erfährt als Flugbiene seinen Höhepunkt. Vieles spüre ich schon im Stock. Aber erst, wenn ich meine Nase hinausstecke, wird das Bild komplett.

Manchmal nehme ich auch wahr, dass etwas Großes geschieht. Dann formiert sich vieles neu und verändert seine Ausstrahlung. Ich weiß nicht, was kommen wird – denn es ist ganz neu. Ich habe es noch nie erlebt und es ist auch nicht in meinen Genen gespeichert.

Diese Momente sind recht bizarr. Man fühlt sich dann wie ein Spielstein, der nur beobachten kann und in keinster Weise Herr der Lage ist.

Uns bereitet dieses Gefühl aber keine Angst. Wir kennen keine Kontrolle. Wir kennen nur gewohnte Abläufe, vertrautes Handeln. Wenn etwas Abweichendes geschieht, weckt es eher mein Interesse, als dass es mich stresst.

Ich werde zum Beobachter, habe keine gewohnte Handlungsabfolge programmiert und kann mich nur überraschen lassen.

Überraschung ist aber eher selten der Fall. Das meiste Unvorhergesehene können wir einordnen.

So viel zum inneren Sehen. Ich kann euch nur empfehlen, schult diesen Sinn. Er steckt in euch und er bereichert das Dasein immens!

Das normale, physische Sehen ist ein nicht weniger begeisternder und beeindruckender Sinn. Was wäre das Leben ohne Farben????

Ihr erforscht, wie wir sehen können und welches Farbspektrum unsere Augen hergeben usw. Ich glaube nicht, dass sich eure Ergebnisse mit dem decken, was wir tatsächlich erleben, wenn wir sehen.

Eure Untersuchungen sind eindimensional. Kein einziger Sinn ist eindimensional!!!

JEDER Organismus ist ein Meisterwerk und phantastisch ausgestattet für seine Funktion und seine Aufgabe.

Wir sehen Farben, definitiv. Ich denke schon, dass unser Sehen anders ist als eures. Das mag daran liegen, dass wir mehr Dimensionen gleichzeitig wahrnehmen und unsere

Sinne so zusammenarbeiten, dass alles direkt zu einem Gesamtbild verschwimmt.

Wenn ich nun versuche, alles auf das äußere Sehen zu reduzieren, bleibt es trotzdem eine Sinnesexplosion!

Durch das Sehen ist vieles in uns einprogrammiert. Ich erkenne Gefahr oder Dinge, die mir guttun, die mich anlocken.

Farben laden mich auf mit Schwingung. Der Besuch einer gelben Blüte fühlt sich anders an als der einer roten.

Und so entscheide ich auch über das Sehen, was ich gerade benötige. An einem schönen Sonnentag sammle ich natürlich mehr als Pollen und Nektar.

Mein inneres Sehen kennt den Weg zu den guten, ertragreichen Gefilden. Ihr habt ausreichend erforscht, wie wir da kommunizieren – oder?? Ich bekomme den Weg dorthin eingegeben und sehe ihn innerlich vor mir. Aber mein äußeres Sehen entscheidet darüber, wo ich eventuell einen Zwischenstopp einlege oder wo ich vielleicht einen großen Bogen darum herum mache.

Erst beides zusammen ist perfekt.

Dieser Sehsinn ist bei uns Bienen ganz wunderbar ausgeprägt und macht unser Dasein rund. Wobei ich das über alle unsere Fähigkeiten, Eigenschaften und Sinne sagen könnte. Es fühlt sich gut an, eine Biene zu sein!

Auf jeden Fall wollte ich verdeutlichen, dass Sehen weit mehr bedeutet als Farbe oder nicht Farbe. Ich hoffe, das ist mir geglückt. Danke schön.

Sich selbst wahrnehmen

Sich selbst wahrzunehmen ist eine wichtige Übung in unserem Dasein.

Wie bereits gesagt – wir sind nicht so stark individualisiert wie manch anderes Lebewesen. Wir haben sehr feste Vorgaben, in denen wir agieren.

Aber das hindert uns nicht daran, uns in diesen Abläufen wiederzufinden. Und eigentlich wird das Leben erst dadurch richtig schön. Verliert man sich im Alltag und in seinen täglichen Aufgaben, verliert man die Freude am Leben.

Wir tun nichts, was für unseren jeweiligen Entwicklungsstand neu oder revolutionär wäre. Wir handeln immer entsprechend dem Moment. So gesehen gibt es in unserem Leben keine Überraschungen oder persönliche Verwirklichung, wie ihr es nennen würdet.

Und vielleicht wären auch wir eines Tages mit diesem Zustand unzufrieden, würden wir nicht ständig in unserem Tun aufgehen.

Die kleinste Kleinigkeit, die wir tun, erfüllt uns und unser Tun.

Mitten im Tun können wir auch die Perspektiven wechseln, wenn wir wollen. Es ist irre, sich zum Beispiel von außen zu betrachten bei dem, was man gerade macht. Dann sieht man da kleine Bienen Wabenpflege betreiben. Oder eine Blüte anfliegen. Wir sehen schön aus, wenn wir im Landeanflug sind.

Der Gefühlscharakter ist allerdings ein anderer, wenn man von außen auf die Umwelt guckt. Da nimmt man mehr die Interaktion zwischen sich selbst und der Welt wahr.

Wenn ich in mir bleibe, fühle ich mehr, wie die Welt mich beeinflusst. Außerhalb von mir sehe ich, was ich mit der Welt mache. Und das ist sehr wichtig! Beides ist wichtig!!!

Wenn ich mich selbst wahrnehme, bin ich bewusst – in allem, was ich tue. Das erhöht die Intensität meiner Sinneswahrnehmungen.

Das Fühlen als Beispiel wird dadurch enorm aufgewertet. Was ich alles über meine Füße spüren kann! Das ist Wahnsinn!

Es ist wichtig, dass man sich seiner selbst und seiner Wirkung auf das Außen bewusst ist. Das hängt mit dem globalen Zusammenhang und Verantwortungsgefühl zusammen. Je unbewusster wir mit uns umgehen, umso nachlässiger sind wir auch mit der Welt. Das ist nicht gut.

Es beginnt also wie immer im Kleinen und wirkt sich massiv auf das Große aus.

Bewusstheit bringt Klarheit und das tut so gut.

Leider haben wir selbst in letzter Zeit Probleme mit dieser Klarheit.

Es geschieht etwas mit uns, das für uns alle nicht gut ist. Und weil wir den Bezug zu uns verlieren und unbewusster werden, wirkt sich das auch auf die Welt aus. Und das merkt ihr. Vielleicht solltet ihr mal eine Parallele zu der menschlichen Welt und ihrer Gesellschaft ziehen.

Wie viele von euch sind bewusst? Wie viele von euch spüren sich gut? Wie viele von euch schaffen es im Alltag und in all ihrem Tun, bei sich zu bleiben?

Ich sehe wenige ... sehr wenige.

Aber ich sehe immer mehr, die sich auf den Weg machen. Und das macht mir Mut. Irgendwie habt ihr auch verstanden, dass jeder eine Verantwortung und eine Wirkung auf das große Ganze hat.

Nun müsst ihr es nur noch schaffen, aus reinen Beweggründen zu handeln. Es geht nie um den eigenen Vorteil oder das Erhalten des eigenen Komforts oder den Erhalt des eigenen Lebens. Es geht immer nur darum, bei sich zu sein und das eigene Licht strahlen zu lassen. Ohne jede Absicht auf irgendetwas.

Es ist der reine Selbstzweck. Das klingt jetzt nicht sehr reizvoll für viele von euch. Aber ich kann euch sagen – ihr werdet durch diese Sicht mit etwas belohnt, von dem ihr sonst nur träumen könnt: Glückseligkeit und vollkommene Zufriedenheit mit sich und dem Sein.

Liebt man diese Bewusstheit, gibt es nichts mehr, was es überlagern könnte. Und dann ist man an dem Punkt angelangt, den eigentlich jeder auf seine Weise anstrebt: an der Erfüllung.

Und der Witz an der Sache ist, dass man erst dann der Erfüllung begegnet, wenn man sich von allem anderen frei gemacht und sich auf das pure Selbst reduziert hat. Uns fällt das nicht schwer.

Bei euch gibt es viel mehr selbst erschaffene Hindernisse. Es sind alles Dinge, die die gierige Seite in einem füttern.

Fülle kann auch ein Fluch sein, weil sie betäubt, wenn man nicht aufpasst.

Bleibt man aber bewusst und bescheiden, erlebt man Fülle als das, was es ist – ein Segen.

Unser Leben erscheint aus eurer Sicht so unspektakulär. Aber ich will auf keinen Fall tauschen. Denn ich habe etwas, was viele von euch gar nicht kennen: Ich bin eins mit dem, was ist. Und das ist vielleicht ein tolles Gefühl, kann ich euch sagen!!!!!!

Leider, leider schafft ihr es, eure Gier auch auf eure Umwelt auszuweiten. Nicht, dass wir das übernehmen würden – aber wir sind dieser Energie ausgeliefert. Es macht etwas mit uns. Und das schon über Generationen.

Ich würde mir wünschen, dass ihr mal einige Schritte zurücktretet, betrachtet, was ihr da tut mit der belebten Umwelt, und dann tief durchatmet und all das wegfallen lasst, was ihr nicht mehr braucht. Das würde uns alle sehr erleichtern.

Wir erwarten nicht, dass ihr sofort in die absolute Bewusstheit kommt. Aber bitte macht nicht einfach immer so weiter wie gehabt. Reflektiert und überprüft, was ihr da tut. Und dann wird sich schon sehr vieles ändern.

Danke schön.

Ihr vergiftet euch und letztlich auch uns mit dieser Energie. Und ihr könnt wirklich mehr als das! Vergeudet euch und euer Dasein nicht. Leben ist definitiv mehr als die Befriedigung rein oberflächlicher Bedürfnisse. Eigentlich geht es sogar viel mehr um die tiefen Ebenen, die all das gar nicht benötigen.

Überprüft das mal und ihr werdet feststellen, dass ich recht habe. Lebt danach und es wird euch besser gehen. Erzählt anderen davon und ihr werdet Gutes tun.

Ich danke euch.

Verstoffwechselung

Der große Kreislauf.

Es ist ein wunderbares Gefühl, Teil dessen zu sein.

Wir verstoffwechseln im Großen wie im Kleinen.

Indem wir für uns sorgen, sorgen wir auch für die Welt. Das ist alles so ineinander verzahnt, dass sich das gar nicht trennen lässt. Wir bekommen Energie aus der Umwelt, geben ihr aber auch welche zurück. Es hält sich immer die Waage. Wir sorgen für uns und doch auch für andere. Das ist ganz wunderbar.

Ich möchte einmal näher darauf eingehen, wie es sich anfühlt, Nektar auf diese Weise umzusetzen.

Wir fliegen also aus und begeben uns auf die Suche nach einer geeigneten Futterquelle.

Normalerweise ist der Tisch für uns in der kraftvollen Zeit reich gedeckt.

Wir finden also Futter und nehmen es auf. Es versorgt dabei direkt mehrere Ebenen von uns. Energetisch und körperlich und noch viel mehr!

Futter gibt uns Kraft für den Flug und Kraft für das Volk, da wir etwas davon eintragen werden.

Zugleich erhält aber auch die Blume etwas von uns. Nicht nur, dass wir sie bestäuben. Es geht auch um die Begegnung, den Kontakt mit uns. Auf energetischer Ebene tauschen wir uns aus.

Sie ist beglückt, dass sie ihren natürlichen Vermehrungsprozess nun starten kann und bekommt dadurch viel Kraft. Später werden sich Tiere an den Früchten laben und Kraft bekommen. Und wieder andere laben sich an diesen Tieren usw.

Nach dem Besuch der Blume fliegen wir mit Kraft im Bauch nach Hause.

Diese Kraft kommt nun in den Stock, in die Waben, in die Brut, in unser Futter. Betrachtet man den Bienenstock im Sommer, strotzt er vor Energie.

Diese Kraft haben nicht wirklich wir geschaffen – wir haben sie gesammelt. Und wir ernähren uns auch von ihr. Indem wir uns von dieser Kraft nähren, können wir sie auch wieder nach draußen tragen und weitergeben an die Blumen. Aber dieses Weitergeben ist mehr ein Austausch – denn auch wir bekommen dann ja wieder etwas zurück. Ein unerschöpflicher Kreislauf!

Im Herbst und Winter ziehen die Pflanzen ihre Lebenskraft in die Wurzel zurück. Sie reduzieren ihren Radius für eine

Weile, um dann im Frühjahr zu explodieren. Ähnlich ist es mit uns.

Wir reduzieren die Volksstärke und unsere Aktivität drastisch. Wir ziehen uns zurück und nähren uns von dem, was in dem Futter gespeichert ist und für uns leuchtet, um dann im Frühjahr zu explodieren! Die Kraft, die wir dann fühlen, der Drang, der uns dann erfüllt, ist unbeschreiblich.

Alle Kraft und alle Freude kehren mit Macht zurück.

Versteht ihr? Wir wollen nicht mehr sein als Teil dieses Kreislaufes. Wir wollen nur das nehmen, was wir brauchen. Wir wollen die Kraft des Frühjahrs nutzen, aber dann auch irgendwann ruhen.

Wir wollen nicht höher hinaus als das, was wir wirklich benötigen. Den Gleichklang aufrechterhalten, das ist unser Ziel. Wir können immer nur so viel nehmen, wie wir auch zurückgeben können. Das Gleichgewicht muss erhalten bleiben. Sonst kommt es aus dem Lot, und dann wird es gefährlich. Eure Gier bringt uns zu Fall.

Ihr nutzt unsere angeborenen Mechanismen, dass wir jeden Platz, der vorhanden ist, nutzen. Das tut ihr ausschließlich zu eurem Vorteil. Nicht zu unserem.

Wir wissen sehr wohl, dass unser Honig begehrt und wertvoll ist. Und wir leben immer mit dem Risiko, ausgeräubert zu werden. Auch das gehört zu unserem Dasein. Selbst durch Ausräuberei geben wir etwas in den großen Kreislauf zurück, denn an unserem Honig darf man sich laben. Aber bitte alles in Maßen.

Jedes Jahr geschröpft zu werden ist eigentlich nicht vorgesehen … es gibt Völker, die das erdulden müssen. Sie haben aber ein mieses Karma. In der freien Wildbahn kommt das so gut wie nie vor.

Im Zweifelsfall zieht man um.

Uns ist bereits viel Ursprüngliches verloren gegangen, und ich verstehe eigentlich selbst nicht, warum wir all das mit uns machen lassen.

Irgendwie machen wir immer so weiter, verharren, obwohl es uns nicht guttut.

Irgendwie hat die Bewirtschaftung über all die Jahre in Form dieser Gier einen Zustand in uns ausgelöst, der uns immer hochtouriger werden lässt.

Wir haben das Gefühl, immer noch mehr schaffen zu müssen, um das Defizit an Kraft und Energie auszugleichen. Aber es ist ein Kampf gegen Mühlen. Wir können nicht gewinnen, wir kommen nicht an. Aber wir verlieren jede Menge Lebensenergie. Das ist Fakt.

Was wir wirklich bräuchten, wäre Intimität. Dass wir wirklich nur mit uns sind. Dass das System runterfahren darf. Nach und nach. Das wird dauern! Dass wir wieder da hinkommen, wie ich es eingangs beschrieben habe. Dass das Gleichgewicht wieder stimmt. Und dass in Maßen und MIT RESPEKT VOR UNS UND UNSERER ARBEIT Honig genommen wird. Warum macht ihr alles im Überfluss? Dieser Überfluss ist nicht gut! Er vergällt Achtung und Dankbarkeit und bringt das Gefüge auf allen Ebenen aus den Fugen!

Ihr erntet zu viel von ALLEM, was ihr letztendlich wegschmeißt.

Ihr schmeißt Leben weg. Ist euch das klar?

Eure Gier bringt euch um.

Dieses Gefühl, Teil des Gefüges zu sein und wirklich nur im Einklang zu nehmen, was man benötigt – dieses Gefühl ist so wunderschön. So soll Leben sein, da bin ich mir sicher.

Ich will nicht mehr höher, schneller, weiter müssen. Bitte. Aber es ist wirklich dieser tiefe Stress in uns – entweder so mitmachen oder wir können gar nicht überleben. Wir müssen bis ans Limit gehen oder sogar darüber hinaus. Alles muss immer im Superlativ sein. Auch wir können uns dem nach der jahrzehntelangen Bewirtschaftung durch euch leider nicht mehr entziehen …

Wir wollen zurück in unser altes Lebensgefühl und in das alte Tempo. Sich wirklich verbunden zu fühlen mit der Welt. Das ist unser Ziel.

Die Anforderungen an uns sind so hoch, dass wir in diesem Stressmodus agieren. Vielleicht könnt ihr es schaffen, alles – wirklich alles – ein wenig zu reduzieren! Und wir reden hier nicht nur von uns!!!

Euch selbst tut diese Art zu leben nicht gut!!!

Auch ihr verliert den Bezug zu euch und der Welt. Schaut euch die Menschen in den Wohlstandsländern an. Sie haben alles. Aber glücklich sind die meisten nicht.

Denn – haben sie wirklich alles? Nein. Das, worauf es wirklich ankommt, findet man eben nicht im Überfluss.

Überfluss ist immer oberflächlich. Die tiefe, die entscheidende Seinsebene wird nicht berührt.

Schaut uns an. Wir werden seit vielen Jahren unfreiwillig Jahr für Jahr gezwungen, Überfluss zu produzieren. Kräftig und gesund sind wir dadurch nicht. Ganz im Gegenteil.

Wer braucht den Überfluss???

Alles, was man wirklich braucht, ist das Glück im Herzen und die Dankbarkeit vor dem Leben.

Und nur so viel zu essen und zu trinken, dass es das Überleben sichert.

Mehr nicht.

Dann hat man wieder viel mehr Zeit für den Blick auf das Wesentliche und all das Schöne, was die Welt zu bieten hat! Ein wunderbarer Nebeneffekt.

Ich würde mir wünschen, der Weg geht wieder dorthin zurück.

Danke schön.

Tagesgedanken

Wir leben so in den Tag hinein.

Selbstverständlich hat jeder auch seine ganz festen Aufgaben! Aber wir nehmen uns kein Pensum vor – das geht gar nicht, weil unser Leben ständig wechselnden Faktoren unterworfen ist.

Wir machen uns keinen Plan von dem, was wir schaffen wollen. Und wir definieren unsere Zufriedenheit auch nicht darüber, ob wir das geschafft haben oder nicht!

So ist das Leben viel leichter!

Wir freuen uns, wenn etwas gelingt oder besonders reichhaltig und wohlklingend oder wohlschmeckend ist.

Und wir hadern nicht, wenn zum Beispiel ein Regentag dem nächsten folgt und wir unserer Aufgabe des Sammelns nicht entsprechend nachgehen können.

Es gibt immer etwas zu tun. Und sei es nur, uns zu regenerieren.

Sind die Zeiten ganz hart und schlecht, wird es auch für uns unangenehm. Solche Zeiten haben Konsequenzen. Dann gibt es nicht mehr so viel Nachwuchs und auch das Leben der einzelnen Bienen wird verkürzt. Solche Situationen sind immer geführt und geleitet, und sie müssen nicht von uns aktiv beeinflusst werden. Alles regelt sich gut von selbst.

Angebot und Nachfrage ist ein „Gesetz", das auch ihr kennt. Es bestimmt den Markt bei euch. Ihr bezieht es fast ausschließlich auf den Konsum.

Bei uns geht das viel tiefer. Wir beziehen es auf unsere Existenz.

Ist nicht genug zu essen da, können wir uns nicht vermehren.

Ganz einfach.

Aber wir müssen immer darauf achten, dass wir als Volk aktionsfähig bleiben. Dafür ist ein bestimmter Stamm an Bienen nötig.

Wir beginnen unser Tagwerk gerne früh. Mit dem ersten Sonnenstrahl fliegen wir aus. Allerdings nur, wenn die Grundtemperaturen entsprechend hoch sind. Im Frühjahr und im Herbst müssen wir länger warten, bis wir raus können.

Dennoch ist im Stock schon jede Menge los! Da hört der Betrieb nie auf. Dort gibt es weder Tag noch Nacht. Das Einzige, was auf die Betriebsamkeit Einfluss nimmt, ist die Temperatur. Selbst im Winter ist ein gewisses geschäftiges Treiben im Stock – zwar deutlich reduziert und mit ganz anderen Inhalten. Da ist an Brut nicht zu denken! All das wird von der Außentemperatur bestimmt.

Einen gewissen Temperaturspielraum können wir selbst mit unseren Aktivitäten gut ausgleichen. Aber alles, was über 10 Grad im Ausgleich geht, ist uns nicht mehr möglich.

So kann ein plötzlicher Temperatursturz recht verheerende Folgen haben … Wir denken nicht über die Zukunft nach. Wir wissen auch nicht, was kommt. Wir wissen nur, dass es ganz entscheidend ist, den Moment zu nutzen.

Das heißt: Ist das Wetter schön, fliegen wir los und sammeln, was das Zeug hält!

Wir stellen keine langfristigen Wetterprognosen. Wir fühlen den Moment und können ungefähr die nächste Stunde abschätzen. Das sind Zeitfenster, in denen es sich für uns zu denken lohnt. Und danach handeln wir.

Eigentlich könntet ihr auch so leben. Vielleicht wären die Abschnitte, in denen ihr denkt, etwas größer. Aber viel größer muss es gar nicht sein. Denn mal ehrlich – wirklich beeinflussen kann man alles doch eh nicht, oder?

Habt ihr wirklich das Gefühl, ihr könnt Pläne machen???

Es kommt eben genau so, wie es kommen soll.

Und das Wichtigste dabei ist, dass man den Moment genutzt und genossen hat.

Wenn euch etwas Schlimmes widerfährt, grämt ihr euch meist, wenn ihr den letzten gemeinsamen Moment nicht genossen habt.

Warum sollte man das nur wegen eines Dramas ändern??? Es ist aus meiner Sicht viel sinnvoller, immer den Moment zu genießen. Denn das ist auch jeder Moment wert!

Und sollte es nicht so sein, hat man etwas verkehrt gemacht.

Dann war man sich selbst oder seinem Herzen nicht treu oder hatte zu hohe Erwartungen, zu viele Ansprüche, hatte einen Plan …Unvoreingenommen in den Tag zu leben, dazu kann ich euch nur raten. Man verpasst dadurch nichts, man leistet auch nicht weniger und man wird auch nicht unzufrieden – im Gegenteil! Genau das Gegenteil ist der Fall!

Und für diejenigen unter euch, die Familie, Beruf, Zeiteinteilungen als Zwänge verstehen: seht eure Aufgabe darin und ihr werdet Freude daran haben. Und sobald nichts mehr als

Zwang gefühlt wird, kann man auch als Mensch in einen „strukturierten" Tag gut hineinleben. Begegnet einem Tag offen, er wird euch beglücken und sehr, sehr angenehm überraschen.

Ich habe schon so manchen Regentag erlebt, der mir neue Horizonte eröffnet hat.

Obwohl Regentage ganz sicher nicht meine Lieblingstage sein sollten, weil ich da meiner Sammelaufgabe nicht nachgehen kann.

Aber in dem Moment, wo ich alles annehme, wie es ist, ist alles gut und auch ungewöhnliche Tage bekommen ein schimmerndes Licht.

Mir geht es gut mit dieser Lebenseinstellung, es macht mich leicht und frei. Ich wünsche euch das auch!

Sich verändern

Veränderung gehört zum Leben. Unser Leben ist von Veränderung geprägt. Im Außen durch die Witterung und die Jahreszeiten. Der Jahreslauf verändert die Natur und somit auch unsere Welt, in der wir leben, mit der wir leben.

Auch unser Dasein als Biene unterliegt der Veränderung. Wir durchlaufen viele Stationen und bleiben nur eine gewisse Zeitspanne in jedem Bereich tätig.

Das macht es so reizvoll. Selbst wenn uns ein Aufgabenbereich gut gefällt, verharren wir nicht auf ewig dort. Es geht stetig weiter. Entwicklung gehört ebenfalls zur Veränderung. Ich gebe zu, dass Gewohnheit verlockt – sie reizt einen, zu verharren. Aber wir haben diese Wahl nicht. In unseren Genen ist festgelegt voranzuschreiten.

Hast du dich gerade gut in deinen Aufgabenbereich eingelebt und alles geht ganz leicht von der Hand, musst du weitergehen. Es ist dieser Trieb in uns, zu wachsen. Auch innerlich. Daher geht jede Biene ihren Weg wie vorgegeben bis zum Ende. Keine bleibt Arbeitsbiene auf ewig, weil sie es gerne möchte. Alle fügen sich in den Lauf der Dinge und erkennen oft erst beim nächsten Schritt, welch wundervolle Möglichkeiten sich ihnen dadurch auftun. Es lohnt sich immer!

Gemünzt auf das Große wird deutlich, wie wichtig diese stetige Veränderung ist.

Werden und Vergehen hängen so eng zusammen. Nur wenn etwas vergeht, kann Neues entstehen. Und durch den Wandel bleibt das Leben spannend. Die Wertschätzung und Achtung vor den Dingen ist definitiv höher, wenn sie nicht ewig währen.

Alles ist gut geplant.

Wer hätte gedacht, dass auch wir mal unter diesen Aspekt fallen... Es gab uns in Hülle und Fülle, und es war so normal, zu existieren. Unser Beitrag zum Ganzen war so still und leise, dass er selbstverständlich schien. Und plötzlich sind wir schützenswert! Plötzlich sieht man deutlich, was fehlt, wenn wir fehlen.

Vielleicht braucht es das auch, um die Achtung vor uns zu erhöhen. Es schmerzt schon, dass unser Ansehen so gesunken ist. Früher war unser Platz in der Schöpfung mehr gewürdigt. Ihr verliert bei so vielem diesen dankbaren Blick auf die kleinen wie auf die großen Dinge. Das beeinflusst uns und alle, die in der Kette stehen.

Ihr habt einen unleugbaren Einfluss auf den Lauf der Dinge! Seid euch und eurer Wirkung bewusst und erhöht bitte die Achtung vor dem Leben. So, wie es jetzt ist, ist es nicht gut. Jeder ist betroffen durch das Prinzip der Resonanz. Eure Schwingung uns gegenüber ist achtlos, benutzend und manchmal sogar abwertend.

So wird es nicht weitergehen. Selbst die Eule bringt der Maus Achtung entgegen und die Katze bedankt sich bei ihrem Opfer schlussendlich, bevor sie es frisst.

Achtung ist so ein kleines Wort und hat eine solch große Bedeutung. Sie zu haben kostet euch nichts, erfordert aber eine Veränderung in eurer Haltung und ein Umdenken.

Wir lieben euch und wir lieben die Welt. Alles, was wir wollen, ist die Welt zu spüren und zu leben.

Es fehlt der spielerische Aspekt im Umgang mit euch. Ihr bringt viel Härte hinein. Seht alles wieder etwas leichter, und es wird uns allen besser gehen.

Zum jetzigen Zeitpunkt weiß ich wirklich nicht, ob wir es schaffen werden zu überleben. Wir sind sehr entkräftet und tatsächlich weit entfernt davon, eigenständig und kraftvoll leben zu können. Aber wie gesagt – Veränderung gehört immer dazu. Warum sollte sich nicht auch dieser Zustand verändern?? Das ist doch sehr gut möglich! Dann würden wir unsere Kraft auch wieder viel mehr zu schätzen wissen und wären doppelt so stolz auf uns und darauf, Bienen zu sein.

Wenn nur einzelne Menschen, die vielleicht dieses Buch gelesen haben, ab heute Bienen anders sähen, veränderte sich schon viel!

Eine Biene, liebevoll betrachtet, speist diese Erfahrung ein in den großen Pool des Bieneseins. Und es wird uns alle nähren.

Redet mit uns! Sagt uns, dass es schön ist, dass es uns gibt, dass ihr uns mögt und uns dankbar seid für das, was wir tun.

Viele Imker starten tatsächlich mit Emotion und Elan. Aber irgendwann sind wir doch nur Arbeit und der Zauber verblasst.

So muss es nicht sein! Erlebt wieder mehr Freude und gebt positiven Gefühlen mehr Raum. Wir können wirklich tolle Erfahrungen zusammen machen und uns gegenseitig viel schenken. Jenseits von Honig und Profit!!

Die Welt entdecken

Die Welt zu entdecken ist ein großes Abenteuer, das uns mit großer Begeisterung erfüllt.

Wir entdecken unsere kleine, eigene Welt und die große Welt draußen. Beides gleicht einem großen Eroberungszug. Nach und nach macht man sich mit den Abläufen und Dingen vertraut. Nichts Kriegerisches ist dabei! Alles ist ganz friedlich und von großer Freude, Neugier und Begeisterung geprägt.

Immer wieder gibt es etwas, das man das erste Mal erlebt, dem man zum ersten Mal begegnet, was man zum ersten Mal fühlt.

Dieses Neue fügt man dann seinem Erfahrungsschatz hinzu. Aber der wird nie vollständig gefüllt sein, da bleibt immer Platz!

Und irgendwie begegnet man sich auch immer wieder selbst neu.

Wir nehmen die Welt sehr stark über die Sinne wahr – also sehr bewusst. Wir blenden nicht viel aus, es ist sehr intensiv. Das brauchen wir auch zum Überleben, denn unsere Sinne leiten und lenken uns.

Wenn alle Sinne gleichzeitig auf Hochtouren laufen, fliegen einem wirklich viele Informationen gleichzeitig zu.

Lebenszyklen

Das Leben ist ein großer Zyklus. Eingebunden in einen noch größeren Zyklus.

Jeder ist ein Teil davon und jeder unterliegt diesen Gesetzen.

Es gibt da kein Entkommen – so fühlt ihr es. Viele von euch wehren sich gegen die Rhythmen der Natur.

Aufbegehren macht es nicht leichter. Denn alles geschieht so oder so. Selbst ein Tag unterliegt einem Rhythmus. Der Körper ist geprägt von Rhythmen.

So ist es im Kleinen wie im Großen und im ganz Großen.

Ich persönlich erlebe diese Zyklen und Rhythmen als etwas sehr Stabilisierendes und Angenehmes. Ich fühle mich davon getragen und es fällt mir gar nicht ein, mich dagegen zu wehren!!!

Ich fühle die Erde wie einen großen Organismus, wie einen Körper, der seine Rhythmen hat.

Und ich bin Teil davon.

Ich gehöre zum Einatmen der Erde, zu der Phase, in der sie Kraft tankt und energiegeladen ist.

Bei ihrem Ausatmen ruhe ich aus und bin eher passiv beteiligt. In diesem Zyklus sind dann andere am Zuge wie der Frost und der Schnee oder die Kälte. Da beeinflusst der Rhythmus nicht so sehr die tierische Welt. Die Tiere sind dann eher zurückgezogen.

Aber so, wie für mich Einatmen und Ausatmen wichtig sind, ist es das auch für die Erde.

Ich bin froh, dass ich beim Einatmen mitwirken darf und gleichzeitig in meinen eigenen Zyklen und Rhythmen bin.

Mein Leben ist eingebettet in die größeren Abläufe. Dessen bin ich mir bewusst.

Persönlich ist für mich auch das Ausatmen der Erde sehr entscheidend. Es ist wichtig, Dinge, Spannungen oder auch Probleme loszulassen, abzugeben. Und den Gegenpol zur Aktivität zu haben.

Sonst könnten wir nicht leisten, was wir jeden Tag tun.

So, wie das rein körperliche Ausatmen notwendig ist, so ist auch das Ausatmen am Tagesende wichtig. Es nimmt dann die Form von Entspannung an. Die Bienen, die im Stock leben, folgen nicht diesem klassischen Rhythmus – aber auch sie haben einen Ein- und Ausatemrhythmus bezogen auf ihr Tun.

Wir legen viel Gewicht auf das Ausatmen. Dabei entgiften und regenerieren wir auf mehreren Ebenen.

Aber auch unser gesamtes Volk hat einen solchen Rhythmus. Das Einatmen geschieht im Sommer, das Ausatmen im Winter.

Und ganz nebenbei hat noch jede einzelne Biene ihren ganz eigenen Lebenszyklus, zu dem auch Ein- und Ausatmen gehören.

Wahnsinn, wie vielschichtig das ist, und doch fügt sich alles perfekt zusammen und bedingt einander.

Die Erde ist so verletzlich. Ein großer, sehr empfindlicher Organismus mit sehr fein aufeinander abgestimmten Abläufen, von denen alle ineinandergreifen und sich gegenseitig bedingen.

Ohne die große Mutter Erde sind wir nichts. Ihr Wohl sollte in unser aller Interesse und Fokus sein. Alles andere ist kurzsichtig und dumm. Tut mir leid, wenn ich das so sagen muss. Aber ich kann euch an der Stelle wirklich nicht verstehen.

Ich spüre an mir, wie es der Erde geht. Könnt ihr das auch noch?

Früher war das so.

Dieses Gespür ist euch in eurer Wohlstandsgesellschaft verloren gegangen. Würdet ihr euch wieder auf die Rhythmen der Erde besinnen, euch ihnen anpassen und mit ihnen leben, könnte das vieles verändern.

Ihr würdet auch spüren, dass es der Erde schlecht geht. Wenn ihr darüber klagt und traurig seid, kann ich das gut verstehen. Wobei für mich immer im Vordergrund steht, Situationen anzupacken und in sie hineinzuleben. Mit Klagen und Leiden verändere ich gar nichts.

Eure Ansprüche haben jeden Realitätsbezug verloren. Erdbeeren im Winter braucht es nicht. Die gehören zum Einatmen und nicht zum Ausatmen!!!

Lebt entsprechend dem Rhythmus!

All das Materielle hat eh nichts mit der Erde zu tun.

Ihr seid wahnsinnig bequem geworden. Das liegt daran, dass ihr euch während des Ausatemzyklus nicht regeneriert und so keine Kraft für die Einatemzeit tankt.

Back to the roots. Das würde allen guttun. Die Erde wieder spüren – im wahrsten Sinne des Wortes. Berührt sie, beackert sie und wirkt mit ihr zusammen.

Legt wieder Vorräte im Sommer für den Winter an und lebt mehr nach diesem Rhythmus.

Euch ist alles so fremd geworden und somit ihr euch auch. Nur wer sich selbst fremd ist, kann die Erde derart schlecht behandeln. Anders kann ich mir das nicht erklären.

Es fühlt sich so gut an, fest mit der Erde verbunden zu sein! Und noch viel besser, wenn es der Erde gutgeht ...

Das Leben lieben

Jeder sollte das Leben lieben. Ich verstehe nicht, wie man es nicht kann!

Es bietet so unendlich viel.

Ich bin so begeistert, dass ich gar nicht weiß, wo ich beginnen soll. Ich quelle über vor schönen Gefühlen und Erfahrungen.

Und auch Hindernisse betrachte ich nicht als Leid. Es sind Herausforderungen für mich, denen ich mal gewachsen bin und mal nicht.

Der Ausgang ist mir unwichtig. Für mich zählt tatsächlich der augenblickliche Moment.

Sonst würde ich meines Lebens nicht mehr froh. Stellte ich all die Widrigkeiten in ihrer vollen Größe in den Vordergrund, bräuchte ich gar nicht mehr rauszugehen.

Dann käme ich mir als Biene schon sehr klein und schutzlos vor. Aber es fühlt sich tatsächlich ganz anders an! Ich fühle mich strahlend und schön und bin wirklich total erfüllt und glücklich mit dem Biene-Dasein. Ich mag es sehr, in der Gemeinschaft zu leben, und ich fühle mich in meinem Körper wohl!

Er begeistert mich mit all seinen Fähigkeiten. Wir sind so gut abgestimmt auf alle Bedingungen und Anforderungen, denen wir uns rein körperlich stellen müssen. Ich finde das irre, dass ich rausfliegen und Köstlichkeiten sammeln und eintragen kann. Ich kann mich dafür echt begeistern. Es fühlt sich an, als trüge ich einen Schatz in mir.

Und auch im Stock bin ich begeistert von dem, was ich kann und tun darf. Aber das Schönste ist ohne Frage das Fliegen.

Ich liebe es, in den Morgen hinauszufliegen. Wenn es ganz still ist und man die Kraft der Natur spüren kann, wie sie kurz vor dem Aufbrechen ist – das ist ein tolles Gefühl.

Es ist nur ein kurzer Moment, dann explodiert alles. Aber in diesem kurzen Moment liegt so viel Energie!

Danach fließt alles sanfter, das ist auch schön. Aber ich liebe eben besonders diesen Moment kurz davor – die Spannung ist hoch, aber sehr, sehr positiv.

Genauso schön ist aber auch der Moment, wenn sich der Tag neigt und alles zur Ruhe kommt. Die Nacht hat eine andere Energie, auch wenn es in dieser Zeit Aktivität gibt. So wie bei uns im Stock.

Für mich hat die Nacht eine spezielle Form von Frieden, den ich tagsüber nicht fühlen kann. Natürlich empfinde ich auch tagsüber Frieden! Aber der fühlt sich anders an als der der Nacht.

Vielleicht liegt es auch daran, dass nachts das Glück des Tages nachwirkt. Es verbleibt ein so schönes Gefühl, wenn ich Schätze eingetragen oder verarbeitet habe.

Und dann kommt ein neuer Tag und ich darf all das ein weiteres Mal erleben! Ich kann mir nicht vorstellen, dass diese Begeisterung enden könnte. Dafür ist alles zu reich und zu schön. Ich spüre die Natur so intensiv und ich erlebe alle Eindrücke so intensiv.

Mir ist nichts lästig oder zu viel. Ich nehme auch weite Wege auf mich, wenn es sich um schöne Schätze handelt.

Während dieser Wege bin ich voll in meinem Element. Verbunden mit mir und der Natur. Da gibt es keine Last und eigentlich auch keinen Weg in dem Sinne, wie ihr es meint!!!

Meine Grundeinstellung ist eine ganz andere.

Das Leben ist mir nicht zu schwer. Euch mag es mühsam erscheinen, meine Honigblase zu füllen. Ich muss dafür viele, viele Blüten besuchen, und so manche ist schon abgeerntet, wenn ich sie besuche.

Für mich ist es wie ein Tanz. Eine Komposition. Es macht Spaß zu mischen, zu schauen, wie sich alles anfühlt, es mit all meinen Sinnen zu erfassen. Ich bin so in mein Tun versunken, dass ich keine Mühe daran sehen oder fühlen kann. Auch das ist entscheidend für die Qualität des Honigs. Er trägt dann ebenfalls diese Leichtigkeit und Freude in sich.

Leider ist die Vielfalt der Blüten in den letzten Generationen deutlich zurückgegangen und auch insgesamt wird das Nahrungsangebot knapper. Aber das tut unserer Motivation keinen Abbruch! Es macht es nur gelegentlich etwas schwieriger, meine Aufgabe zu erfüllen.

Aber mein Lebensgefühl an sich und meine Dankbarkeit für mein Dasein verändert es nicht.

Ich liebe es zu leben!!!

Appetit

Essen, sich nähren und schmecken sind mehr als nur rein körperliche Handlungen. Auch sie finden auf mehreren Ebenen statt.

Hat man keinen Appetit mehr auf das Leben, stellt man das Essen ein. Das ist normal.

Aber bis es so weit ist, sorgt man für sich und sucht sich etwas zu essen. Wenn ich also ausfliege, suche ich mir Nahrung für viele Ebenen gleichzeitig.

Und den anderen Bienen im Stock bringe ich auch möglichst viel von diesen anderen Ebenen im Futter mit.

Sie schmecken die Sonne und die Farben und die Freiheit und die Freude.

Das nährt sie gut.

Für mich ist die Schwingung meiner Nahrung sehr wichtig, so kann ich aus kleinen Mengen viel Energie tanken.

Von toter Nahrung kann man nicht leben. Leider sind wir auch dazu in den letzten Jahren mehr und mehr gezwungen. Die Schwingungen der Pflanzen verändern sich, ihre Vitalität sinkt. Das macht sich in den Pollen und im Nektar bemerkbar.

Immer mehr Lebewesen existieren, ohne aus sich heraus zu leben. Das ist eine sehr unschöne Entwicklung, in die man unfreiwillig einbezogen wird.

Auch wir fühlen uns mehr und mehr nicht mehr so lebendig.

Dennoch gibt es immer wieder Lichtblicke und eine vitale Pflanze liefert uns unfassbar gute Nahrung. Weil aber das Angebot an gesunden Pflanzen knapper wird, bekommt es einen noch größeren Wert für uns.

Ich freue mich total, wenn ich eine Pflanze finde, die aus sich strahlt und vor Lebenskraft strotzt.

Ich bitte sie immer um Erlaubnis, ob ich sie besuchen und von ihr naschen darf.

Diese Pflanzen haben einen großen Stolz, denn sie wissen um ihren besonderen Wert. Aber abgewiesen wurde ich noch nie.

Nahrung sammeln ist keine schlichte oder stupide Angelegenheit, wie es euch vielleicht erscheinen mag. Es ist ein sehr bewusstes Vorgehen und geschieht mit allen Sinnen.

Und je besser das Nahrungsangebot, umso mehr Appetit hat man auf das Leben. Irgendwie hängt beides zusammen. Nahrung gibt Kraft auf mehreren Ebenen – so auch auf der Ebene der Lebenskraft und Lebensfreude.

Es lebt sich viel leichter und schöner, wenn man sich gesund, kräftig und wohl fühlt.

Mich selbst zu nähren ist ein wesentlicher Aspekt meines Daseins. Und wenn ich die Nahrung auswähle, tue ich es für alle. Mein Bestreben ist es, das Volk gut zu ernähren. Was für mich gut ist, ist auch für alle anderen gut. Ich versuche immer, die erste Wahl zu nehmen. Leider wird das immer schwieriger.

Gerade der Nachwuchs braucht viel Kraft und bestes Futter.

Ich versuche die Nahrung zu säubern, wenn ich Verunreinigungen spüre. Einfache, kleine Fremdstoffe sind leicht auszusortieren. Aber die Zusammensetzung dieser Fehlerquellen ist subtiler geworden. Einige erkenne ich nicht und bekomme sie nicht zu fassen.

Ich bemühe mich, dabei mein Bestes zu geben, obwohl in den letzten Jahrzehnten auch meine eigene Vitalität gesunken ist … das macht diese ganzen Prozesse nicht leicht für mich.

Ich möchte noch betonen, wie wichtig und wundervoll der Geschmackssinn ist.

Seine Bedeutung wird häufig unterschätzt.

Ohne ihn wäre das Essen nicht eine solche Freude. Er sorgt für Glücksmomente und lässt uns die Vielfalt auf eine ganz andere Weise spüren.

Ich genieße das sehr und bin immer wieder erstaunt, dass wirklich JEDE Pflanze anders schmeckt. In jeder Pflanze steckt ein eigenes Wesen, was ihren Geschmack mit beeinflusst. Auch unter Pflanzen gibt es fröhliche oder zurückhaltende, lustige oder griesgrämige, zufriedene und unzufriedene Pflanzen.

Und diese Unterschiede kann man schmecken, wirklich!

Zudem hilft uns unser Geschmackssinn zu unterscheiden, was gut für uns ist und was nicht. Wir erkennen durch ihn Verträglichkeiten und Unverträglichkeiten.

Das ist wirklich sehr hilfreich. Natürlich gibt es auch immer wieder Stoffe, die diese „Schranke" umgehen. Aber als erste Vorsortierung ist der Geschmackssinn unerlässlich!!!

Ich bin meinem Geschmackssinn sehr dankbar und auch, dass er mir Freude am Nahrungsammeln gibt!

Es macht mich glücklich, mich und mein Volk zu nähren, und auch, weil ich dabei so sehr in die Natur eingebunden bin. Ich fühle mich dann als ein Teil von ihr. Welch großartiges Erleben!

Ich bin wirklich gerne eine Biene.

Über die Luft

Es ist ein Phänomen, dass jeder so viele Dinge einfach als gegeben hinnimmt.

Ist etwas immer in ausreichender Form vorhanden, wird es selten gewürdigt.

Das ist manchmal bei uns nicht anders. Aber wir sind stets bemüht, dankbar und achtsam zu sein und den Moment zu genießen.

Das Leben braucht vertraute Abläufe und es braucht auch Gewohnheiten. Aber keine Selbstverständlichkeiten.

Nehmen wir zum Beispiel die Luft.

Jeder kennt sie, jeder atmet sie und jeder braucht sie zum Leben. Aber wer achtet und pflegt sie wirklich?

Es gibt viele Beispiele. Im Allgemeinen sind es alles elementare Bestandteile des Lebens. Und gerade diese ganz wesentlichen Dinge werden als vollkommen selbstverständlich hingenommen.

Für uns ist die Luft nicht jeden Tag gleich. Sie fühlt sich anders an – je nachdem, welche Temperatur sie hat und wie viel Wasser sie in sich trägt.

Und sie sieht auch unterschiedlich aus. Es können ganz verschiedene Elemente in ihr schweben und fliegen. Das verändert die Lichtbrechung und damit ihr gesamtes Antlitz.

Auch schmeckt oder riecht sie immer anders. Je nachdem, was in ihr angereichert ist, und das hängt natürlich auch insgesamt vom Zyklus der Erde ab. Je nach Jahreszeit verändert sich die Zusammensetzung der Luft.

Mir macht es Freude, die Luft wahrzunehmen und nicht nur zu konsumieren. Das ist ein sehr wesentlicher Unterschied.

Die Luft im Stock ist immer ziemlich gleich. Daran arbeiten wir auch fleißig. Wir haben gerne eine konstante Temperatur und Luftfeuchtigkeit. Und auch die Zusammensetzung der Luft wird kontrolliert und so gut es geht gefiltert.

Ein konstantes Raumklima ist entscheidend für unser Fortbestehen. Die Brut benötigt eine bestimmte Temperatur, um zu gedeihen, und die Vorräte brauchen bestimmte Bedingungen, um optimal gelagert zu sein und sich zu entwickeln. Auch sie durchlaufen nämlich einen Prozess, der engmaschig von uns betreut wird. Dafür ist die Luft ein wesentlicher Bestandteil und will gut kontrolliert sein.

Das heißt, innen im Stock ist der Umgang mit der Luft ein ganz anderer als draußen. Drinnen nehmen wir bewusst Einfluss und begegnen der Luft entsprechend „kritisch" und formen sie so, wie wir es benötigen. Wir arbeiten also mit ihr.

Draußen ist das ganz anders. Da begegnen wir ihr völlig unvoreingenommen. Und das ist eine sehr schöne Form des Kontaktes. Ich liebe das.

Ich gehe hinaus und bin völlig offen und frei und lasse mich überraschen. Es ist eine wirkliche, echte Begegnung, wo jeder den anderen lässt, wie er ist.

Und das ist so interessant! Weil die Luft jeden Tag und jeden Moment verändert sein kann.

Es ist eine echte Erfahrung.

Durch diesen Kontakt kann ich anders handeln, viel defensiver sein. Ich kann auch fühlen, was die Luft mit mir macht! Morgenluft macht etwas anderes mit euch als Abendluft, Sommerluft etwas anderes als Herbstluft und kalte Luft wiederum etwas anderes als warme. Und immer so weiter! Es ist sehr schön, wenn man sein Bewusstsein dahingehend erweitert, es bereichert den Tag und das Leben.

Und was ich hier für die Luft erzählt habe, lässt sich spielend auf alles Mögliche ausweiten. Auf die Sonne, die Erde, den Mond, das Licht, das Wasser, den Wind ... Es bringt so viel Freude, das bewusst zu integrieren. Und es erhöht automatisch die Dankbarkeit und die Achtung. Ein angenehmer Nebeneffekt ...

Biene und Bienenvolk

Unser Organismus ist sehr sensibel. Sicherlich ist es jeder, aber ich kann ja nur über mich sprechen.

Ich erlebe mich als filigran. Es ist ein sehr schönes Gefühl, sich so leicht und zart zu fühlen. Auf einer anderen Seite sind wir aber auch sehr stark und kriegerisch.

Nur weil man zart oder sensibel ist, ist man nicht gleich zerbrechlich oder lebensuntauglich.

Mir hilft diese Sensibilität sehr. Zumindest meistens. Der Preis dafür ist natürlich, dass stärkere, große Einflüsse oder Reize mich schon umhauen können …

Wir sind in der Lage, Überlebensstrategien zu entwickeln, und dabei hilft uns die Gemeinschaft sehr. Durch das Volk im Rücken sind wir viel stärker als einzelne Individuen, die nur für sich selbst sorgen.

Aber auch ein solches Volk knickt irgendwann ein, wird der Reiz zu stark.

So ist das im Leben, auch der stärkste Gigant kann gefällt werden.

Lässt die eigene Vitalität nach, beeinflusst es das gesamte Volk. Eine gewisse Anzahl geschwächter Bienen können wir gut abfangen und das ganze System funktioniert weiter wie gewohnt, ohne irgendwelche Einbußen.

Aber in den letzten Jahren ist das Verhältnis der vitalen zu den geschwächten Bienen leider ungünstig gekippt.

Die vitalen Bienen sind jetzt eher die Ausnahme und wir alle arbeiten auf Hochtouren, um dieses energetische Defizit aufzufangen. Das wirkt sich natürlich wieder ungünstig auf unsere Kräfte aus, weil wir uns ständig überfordern müssen, um alles am Laufen zu halten.

Wenn du an dir selber spürst, wie deine Lebenskraft nachlässt, kein hohes Niveau mehr erreicht, ist das niederschmetternd.

Wir schlüpfen schon mit weniger Lebensenergie als eigentlich vorgesehen. Und zusätzlich beginnt noch ein Prozess, der diese Energie stetig schrumpfen lässt.

Wir versuchen natürlich stets, das Maximum herauszuholen und das Beste daraus zu machen – aber es fühlt sich nicht mehr so kraftvoll an wie einst.

Habt ihr schon mal ein Bienenvolk betrachtet? Da pulsiert das Leben und wir strotzen vor Kraft. So liebe ich uns.

Auf den ersten Blick mag es sicher immer noch genauso aussehen wie vor etlichen Jahren.

Aber das täuscht. Wer mit feinen Sinnen fühlt und sieht, der spürt sehr genau, dass das System nur mit großer Kraftanstrengung unsererseits aufrechterhalten werden kann.

Es sind Defekte entstanden im Energieschild oder in der Immunabwehr. Auf jeden Fall bieten wir deutlich mehr Angriffsfläche für Erreger und Krankheiten als sonst.

Aber das kennt jeder. Wenn er völlig ausgepowert ist oder schon lange 110 Prozent gibt, dann lässt irgendwann die Abwehr nach.

Das wäre alles gar kein Problem, wenn es sich um einige wenige von uns handeln würde. Aber dem ist leider nicht so ...

Was mich am meisten schmerzt, wenn ich ein heutiges Bienenvolk betrachte, ist, dass uns der Stolz verloren gegangen ist.

Wir sind eigentlich sehr stolze und mutige Tiere.

Davon kann ich in der Energie oder Ausstrahlung meines Volkes nicht mehr viel finden.

Für euch mag das angenehm sein, für uns ist es ein echter Verlust. Auch das vermindert unsere Lebenskraft – und zwar nicht im positiven Sinne.

Wenn ich so für mich selbst wusele oder ausfliege, bin ich in tiefem Frieden mit mir und der Welt. Ich liebe dieses Leben und ich liebe mein Dasein als Biene.

Aber auch da spüre ich den Verlust meiner Kraft. Und noch viel deutlicher fühle ich es beim Rückhalt im Volk. Den kann ich in der ursprünglichen Form nicht mehr finden.

Früher konnte ich in der Gemeinschaft sogar Kraft auftanken, wenn mir etwas fehlte. Daran ist jetzt nicht mehr zu denken. Bestenfalls bringt jeder etwas mit, was er der Gemeinschaft abgeben kann, damit sie in dieser Form weiterbestehen kann. Auch da ist ein Ungleichgewicht entstanden.

Es gibt jeden Tag tausend kleine Situationen, die mich erfreuen, aufladen und glücklich machen. Ich versuche, sie noch intensiver wahrzunehmen und zu nutzen. Das könnte ein Weg aus dieser recht schweren Krise sein.

Das, was ist, noch mehr zu lieben und zu achten. All die kleinen Geschenke des Tages. Und sei es „nur" das Sonnenlicht, das mich wärmt und beglückt.

Denn meine Begeisterung für das Leben an sich ist zum Glück ungebrochen!

Ich liebe das Leben und jeden Tag. Und ich würde mich freuen, wenn wir unseren Stolz wiederfänden. Ich fühle ihn in mir noch glimmen, ich habe Hoffnung, dass er neu entfacht werden kann!

Aber dafür bräuchten wir ein wenig Hilfe. Hilfe von euch.

Mehr Achtung. Achtung im direkten Umgang mit uns – sei es als Imker oder auch als „einfacher" Spaziergänger.

Die Geringschätzung, die uns viele von euch entgegenbringen, färbt auf unsere Energie ab.

Seit Jahren ertragen wir – ich möchte fast sagen – Verachtung und teilweise sogar Bekämpfung.

Viele von euch werden hysterisch, wenn sie uns sehen, und nicht wenige treten oder schlagen uns tot.

Und es bedarf auch mehr Achtung vor uns als Organismus. Ihr müsst verstehen, wie sensibel dieses System ist und wie wichtig ein ungestörter Ablauf ist.

Wenn ihr uns ernsthaft erhalten und in unsere Kraft zurückbringen wollt, bedarf es einiger Veränderungen.

Die sind eh im Interesse aller.

Ich würde mir wünschen, dass ihr vorsichtiger mit der belebten Natur umgeht.

Ihr macht wirklich kaputt, womit ihr lebt. Das sagen schon lange immer wieder verschiedenste Stimmen. Diese Zerstörung wird langsam offensichtlich, und es wäre wirklicher, echter Handlungsbedarf dagegen nötig.

Zur Hilfe zählt auch, dass ihr alles, was von uns kommt, mehr achtet. Nicht einfach den Honig, das Wachs, den Pollen, das Propolis konsumieren. Sondern danken und achten.

Erhöht eure Achtung vor allem Leben und durchzieht alles, was ihr tut, mit diesem Respekt. Dann wird sich unweigerlich vieles verändern.

Zum Positiven – auch für euch.

Versteht eure Einbindung in diese große Gemeinschaft. Bedient euch nicht nur, sondern gebt auch zurück. Dann kommt wieder ins Lot, was ins Lot gehört.

Alles ist ein Lernschritt und ich will euch bestimmt nichts predigen oder vorwerfen. Aber manchmal braucht es einen kleinen Anstoß. Und den möchte ich schon gerne geben!

Ich danke euch.

Überlebenskünstler

Jeder und jede von uns ist ein kleines Wunderwerk.

Alles in uns ist komplex und greift nahtlos ineinander.

Alles ist sensibel und doch so flexibel, dass es stark ist.

Ich wundere mich manchmal selbst, was wir schon alles überlebt haben.

Wenn man sich überlegt, von wie vielen Faktoren unser Überleben abhängt und wie viel sich allein in den letzten Jahrzehnten verändert hat, scheint es eigentlich unmöglich, als ein so kleines und sensibles Wesen zu überleben.

Und es geht doch. Das macht Hoffnung.

So werden wir mit Glück auch diese Krise überwinden und letztlich gestärkt daraus hervorgehen.

Das ist ja meistens so – was unüberwindlich erscheint, wird doch bezwungen und bringt nachhaltige Veränderung.

Ich habe gute Hoffnung, dass wir als Bienen weiter-existieren dürfen.

Unser Leben hat sich sehr stark verändert.

Vieles davon zum Positiven im Laufe all der Jahre. Aber so manches eben auch zu unserem Nachteil.

Nun gilt es, das Gleichgewicht wiederherzustellen und an alte, scheinbar vergangene Kraft anzuknüpfen.

Es gilt, den Puls des Lebens wieder zu fühlen.

Wenn man diesen Puls fühlt, ist alles gut. Dann ist man in seiner Kraft und kann Unfassbares schaffen.

Wir haben uns noch nicht aufgegeben.

Aber es ist inzwischen für alle sehr deutlich geworden, dass etwas verändert werden muss.

Zum Glück ist unsere Lebenslust ungebrochen und wir sind sehr bereit, alle positiven Veränderungen in Lebenskraft umzusetzen.

Wir wollen bleiben und nicht die Erde verlassen! Welch ein Problem, wenn dem nicht so wäre!!!

Und wie so oft verbirgt sich in der vermeintlichen Dunkelheit eine Riesenchance für alle Beteiligten.

Der Kollaps unseres Systems war notwendig, um die Veränderung hervorzubringen. Solange etwas funktioniert, wird nicht gehandelt.

Und da wir sehr diszipliniert sind, funktionieren wir lange …

Lasst uns zusammen das Ende zum Anfang machen. So ist es doch – alles ist ein ewiger Kreislauf, der sich selbst speist. Ein wirkliches Ende gibt es nicht. Es gebärt immer einen neuen Anfang.

Ich blicke zuversichtlich nach vorne und freue mich auf den Tag, an dem ich wieder in meiner Kraft bin. Es fühlt sich so gut an, Biene zu sein!!!

Lasst uns gegenseitig mit großem Respekt begegnen. Dann wird es leichter und vieles fügt sich von selbst.

Respekt und Dankbarkeit sind zwei sehr wesentliche Zutaten für das Leben und das gute, gemeinsame Überleben.

Wir verstehen etwas von Gemeinsamkeit und leben sie Tag für Tag.

Es mag sein, dass ich aus eurer Sicht wenig Individualität lebe. Aber ich kann euch sagen – selbst in einer solchen Gemeinschaft wie dem Bienenstock bleibt dafür Raum. Aber wahrscheinlich haben wir weniger Bedürfnis nach Individualität als ihr.

Wir finden die Erfüllung in dem, was wir tun – sei es individuell oder nicht.

Und eben das macht Lust aufs Leben.

Geben und Nehmen

In der Natur gibt es den großen Rhythmus des Gebens und Nehmens. Jedes Lebewesen nimmt und gibt im Kleinen und auch im Größeren.

Ist das nicht der Fall, ist das Gleichgewicht gestört.

Auf uns bezogen bedeutet das im Kleinen: Wir geben Bestäubung und nehmen uns Nahrung.

Im Großen wird es schwieriger. Genommen wird uns viel und wir leisten somit einen großen Beitrag für die Gemeinschaft. Aber was nehmen wir uns im Großen?

Raum wäre das Einzige, was mir jetzt einfällt. Aber die Höhlen in den Bäumen, die wir einst bezogen haben, brachten den Bäumen keinen Nachteil.

Im Gegenteil - ich hatte eher das Gefühl, dass es die Bäume freute, wenn wir in ihnen wohnten.

Hier wird also deutlich, dass da irgendwas in der Gewichtung nicht stimmt. Wir bluten aus. Und wir würden uns niemals so viel nehmen, wie uns genommen wird. Wenn wir also im

Gegenzug, dem Rhythmus entsprechend, etwas nehmen würden, würde es nie das Defizit auffüllen, das wir erleiden müssen.

Jedes Lebewesen nimmt im Normalfall genau so viel, wie es zum Leben braucht. Alles andere führt zur Zerstörung. Ich will nicht sagen, dass es das im Tierreich nicht gibt! Aber es ist nicht die Norm.

Auch wir kennen lebensnotwendige Vorratshaltung. Gegen Vorratshaltung an sich ist nichts einzuwenden. Alle müssen für schlechtere Zeiten vorsorgen. Aber auch da gilt es, ein bestimmtes Maß zu halten.

Nun bricht die Zeit der Fülle an. Und wir genießen es sehr, wenn die Kräfte zurück in uns und in die belebte Natur kommen.

Dieser vermeintliche Überfluss verleitet euch zur Gier.

Das ist die Kunst – bei sich und seinen wahren Bedürfnissen zu bleiben und nicht der Gier anheimzufallen.

Gier macht nicht wirklich glücklich. Wenn man alles hat, wird man nicht glücklich. Im Gegenteil. Die Lebewesen, die sich die Bescheidenheit und somit die tiefe Dankbarkeit erhalten haben, wirken auf mich viel glücklicher als zum Beispiel der Mensch.

Auch sollte jeder immer das große Ganze im Blick haben. Verstehen, dass fette Zeiten sich mit mageren abwechseln und dass die fetten nicht zum Horten ausschließlich im eigenen Interesse gedacht sind.

Achtsam und mit Bedacht darf man sich nehmen, was man benötigt. Ein jeder darf das. Es ist tatsächlich genug für alle da. Wenn jeder auch an die anderen denkt und nicht nur an sich. Handelt man so, dann fühlt man sich wirklich als Teil der Gemeinschaft und das spendet wirklich großes Glück.

Eine solche Fülle, wie ihr sie lebt, ist nicht gut. Vor allem findet sie kein Ende. Dieser Hunger wird nie gestillt sein, weil ihr nicht glücklich werdet davon.

Und es macht jeden einsamer.

Das ist sehr schade und ich wünsche euch, dass ihr das endlich mal erkennt und die Prioritäten verändert. Seht und fühlt, wie viel schöner das Leben dann ist!!!

Schlusswort

Neigt sich ein Lebenszyklus dem Ende zu, empfindet ihr häufig Trauer.

Diese Emotion kennen wir nicht.

Wir leben von Moment zu Moment und es geht uns immer nur um die Sicherung des Überlebens. Vorrangig um das Überleben aller. Das eigene Leben ist dabei nicht besonders von Belang.

Wir sind vielmehr Teil einer Kette und wissen zudem um den steten Kreislauf, in den wir eingebunden sind.

Wir haben nichts zu betrauern, wenn wir gehen. Wir kommen ja wieder.

Und wir haben unser Leben immer so intensiv gelebt, wie es uns in jedem Augenblick bestmöglich war. Sehe ich euch da im Vergleich, finde ich unsere Lebensweise wirklich viel leichter. Auch wenn sie an der Oberfläche des Seins härter oder anstrengender erscheint. Wir rasten wenig und persönliche Entfaltung kennen wir nur in geringem Umfang. Aber es mangelt uns dabei auch an nichts.

Wir sind jeden Tag zufrieden. Versunken in unserem Sein und unserem Tun.

Ich weiß sehr wohl, dass das niemals die Lebensweise der breiten Masse der Menschen sein wird und wohl auch nicht sein kann.

Vielleicht würde euch unsere Lebensweise helfen, zumindest im Kleinen praktiziert.

Eigentlich lebt ihr das sogar. Innerhalb der Familie stellen sich tatsächlich viele selbst hinten an.

Etwas ganz anderes ist es, wenn eine Ära zu Ende geht. Wir befinden uns an dieser Schwelle.

Ich weiß nicht, ob es ein Zurück geben wird oder nicht. Das ist letztlich auch nicht von Belang.

Ich werde mich so oder so in das, was kommt, fügen, ja fügen müssen.

Aber eine Ära hat in dem großen Gefüge unendlich mehr Gewicht als ein einzelnes Leben. Womit ich das Einzelleben nicht abwerten will! Auch dieses Leben ist Teil der Ära!

Ein Leben kann gegebenenfalls noch durch andere aufgefangen werden. Das Ende einer Ära fängt niemand ab. Das ist unmöglich.

Immer wieder sterben Tiere aus.

Manchmal ist wohl einfach die Zeit für sie vorbei. Aber meist ist es, weil das Gefüge von außen durcheinandergebracht wurde. Und meist hat dabei der Mensch seine Finger im Spiel.

IMMER – er hinterlässt IMMER Spuren.

Ob irgendwo in Afrika ein Tier ausstirbt, mag für euch nicht sehr bedeutsam scheinen. Aber der Gesamtorganismus Erde verändert sich dadurch.

Ich gebe zu, manches kann erstaunlich gut abgefangen werden. Das tut immer die Erde selbst. Sie heilt sich gewissermaßen selbst, so wie auch unsere und eure Körper dazu in der Lage sind.

Aber auch das ist endlich. Und es wäre besser, ihr reizt es nicht aus.

So manche Zusammenhänge sind euch noch unbekannt. Viele sind gar nicht zu verstehen, viele Verbindungen sind sehr komplex und laufen stillschweigend – ohne dass man das verbindende Element entdecken kann.

Vergleicht es mit dem Körper. Auch da ist noch vieles unerforscht, und er funktioniert von selbst wie von Zauberhand. Leider wird vieles, was zusammenhängt, erst erkannt, wenn es aus dem Lot geraten ist. Und das alte Gleichgewicht wiederherzustellen, ist eine wirklich schwierige Aufgabe!

Ich denke, dass das Erforschen überhaupt nicht so wichtig ist. Viel wichtiger ist, wieder zu fühlen.

Wir lassen uns beim Leben von unserem Sein und unserem Fühlen lenken. Und ich denke, das ist der beste Weg zu leben.

Ich wünsche mir, dass unsere Ära Bestand hat.

Vielleicht haben wir dazu jetzt auch einen ganz kleinen Beitrag geleistet.

Vielen Dank.

Nachwort

Noch vor einigen Jahren galt für ein Volk eine zwei- bis dreimalige Ameisensäurebehandlung im Bienenjahr als ausreichender Schutz gegen die Varroamilbe.

Heute wendet man diese Säure vielerorts bereits fünf- bis sechsmal im Jahr an, weil alles andere keinen ausreichenden Schutz mehr bietet.

Trotz dieser Behandlung sterben etliche Völker durch Varroose!

Das ist alarmierend und zeigt den schlechten Allgemeinzustand der Bienen.

Früher bedurfte es einer Varroa-Population von etwa 12.000 Milben, um ein Bienenvolk auszulöschen. Heute genügen 5.000.

Außerdem ziehen immer mehr andere Krankheiten mit ein. Angeblich bedingt durch die Varroamilbe.

Im Sommer entgingen in Schleswig-Holstein viele Bienenvölker nur knapp dem Hungertod. Die meisten konnten gerade so ihren Eigenbedarf decken, an Vorratshaltung war gar nicht zu denken. Die Sommerhonigernte für die Imker fiel also fast komplett aus.

Es war ein trockener Sommer, ja. Aber es war keine Ödnis. Es ist einfach ein erschreckendes Zeugnis dessen, wie wenig Futterangebot die Bienen in Zeiten der Monokulturen finden. Die Bienenvölker in den Städten finden tatsächlich mehr zu essen.

Wenn nur einige Menschen bei der Gartengestaltung an die Bienen denken würden, würde das viel helfen. Natürlich müssten diese kleinen, bezaubernden Wesen dann auch in den Gärten willkommen sein.

Ich habe eine für mich völlig unverständliche Entwicklung bei den Menschen festgestellt – sie haben Angst vor der Biene.

Vielleicht sollte ich an dieser Stelle noch mal erwähnen, dass die Biene ein vollkommen friedfertiges Wesen ist und nur dann sticht, wenn man sie quetscht oder sie sich im Haar verfängt.

Der einzige Moment, in dem eine Biene angreift, ist, wenn man ihre Behausung angreift. Und das ist ja mehr als berechtigt.

Wobei die Biene von heute ja sogar so friedfertig gezüchtet ist, dass selbst das häufig ausbleibt!!!

Freut euch doch bitte an diesem wunderbaren Wesen und seid erfüllt von Dankbarkeit für den Beitrag, den sie für uns alle leisten.

Mein Garten lacht, seit Bienen in ihm wohnen. Und obwohl wir kleine Kinder haben, die im Sommer viel barfuß laufen, gab es bisher keine schlimmen Zwischenfälle.

Es ist Zeit, für die Bienen die Herzen wieder zu öffnen, sie auf der Beliebtheitsskala wieder anzuheben.

Jeder kann helfen. Und sei es nur mit Information.

Wie viele Menschen können Hummel, Biene, Wespe und Co. gar nicht voneinander unterscheiden! Weder im Aussehen noch im Wesen.

Eine Biene ist kein lästiges oder gar gefährliches Insekt!!!

Sie ist bezaubernd, wunderschön und UNERSETZLICH!!!!!!

Informationen für Bienenneulinge

Zum Schluss noch einige Begriffserklärungen für Bienenneulinge und Informationen für Interessierte.

Die Bienen leben in einer großen, straff organisierten Gemeinschaft von bis zu 50.000 Bienen zusammen. Im Sommer ist die Population hoch, zum Winter fährt das Volk seine Stärke drastisch herunter.

Der Imker bezeichnet diesen Organismus aus Bienen als den „Bien". Der „Bien" ist ein sehr sensibles System, das wirklich wie ein zusammenhängender Organismus angesehen werden kann, obwohl es aus so unendlich vielen Einzelwesen besteht.

Eine klassische Arbeitsbiene lebt etwa 5 Wochen. In der Zeit durchlebt sie verschiedene Aufgabenbereiche, zum Schluss ist sie Flugbiene und trägt Pollen und Nektar ein.

In dieser Zeit produziert sie ungefähr einen Teelöffel Honig – das Lebenswerk einer Biene! Vielleicht verändert diese Information ja etwas beim nächsten Honigbrot …

Die Winterbienen leben länger, weil im Winter keine Brut erfolgt. Sie überwintern gemeinsam in einer Traube und starten dann im Frühjahr das Volk neu.

In der wärmeren und nahrungsreicheren Zeit des Jahres wird ständig Brut angesetzt, und quasi rund um die Uhr schlüpfen neue Bienen.

Jedes Bienenvolk braucht eine Königin. Sie ist die Biene, die die Eier legt und damit den Fortbestand des Volkes sichert. Sie sendet Duftstoffe aus, die den Bienen signalisiert, dass eine Königin im Volk ist. Das hält die Bienen zusammen und lässt sie ruhig sein.

Fehlt einem Volk die Königin, beginnt es zu brausen.

Der Imker bezeichnet ein Volk mit Königin als weiselrichtig.

Die Königin kann mehrere Jahre leben, bleibt aber selten all diese Jahre an ihrem Ausgangsstandort. Mehr dazu später.

Die männliche Biene nennt man Drohn. Drohnen können nicht stechen! Ihre Aufgabe ist es, die Königinnen zu befruchten. Das passiert nicht im Stock, sondern beim Hochzeitsflug in der Luft.

Im Spätsommer, wenn die Drohnen nicht mehr gebraucht werden, werden sie von den Bienen „aussortiert" und sterben.

Das Bienenvolk lebt meist in sogenannten Magazinbeuten – das ist abhängig davon, welche Arbeitsweise der jeweilige Imker bevorzugt.

Im Norden Deutschlands wird überwiegend die Segeberger Betriebsweise praktiziert. Das sind Kästen aus Holz oder Styropor, die in mehrere Stockwerke, die Zargen, unterteilt sind.

Es gibt aber noch viele weitere Beuteformen, die sich je nach Region und klimatischen Verhältnissen unterschiedlich stark durchgesetzt haben.

So erlaubt das Klima in Süddeutschland zum Beispiel mehr das Imkern in Holzbeuten als hier bei uns im Norden.

Styropor ist für den Menschen allerdings deutlich angenehmer zu bewirtschaften, da die einzelnen Elemente ein viel geringeres Eigengewicht haben als die aus Holz – was spätestens bei der Honigernte interessant wird.

Daher leben heute hier im Norden fast alle Bienen in Styroporbeuten.

Meist lebt das Volk im Sommer auf zwei Zargen, im Winter reicht wegen der deutlich reduzierten Volksstärke eine Zarge aus. Das Zuhause will ja auch beheizt werden …

Zur ertragreichen Zeit werden diesen beiden Zargen noch zwei weitere aufgesetzt – die sogenannten Honig-räume, in die die Bienen dann ihren Honig eintragen.

Pro Honigzarge kommen bei der Rapshonigernte etwa 15 kg Honig zusammen. Die Ernte beim Sommerhonig schwankt stark, ist aber in jedem Fall deutlich geringer.

Der Wohnbereich ist vom Futterbereich durch ein Absperrgitter getrennt. Durch dieses Gitter kommen zwar die Arbeitsbienen durch, nicht aber die Königin. So gelangt keine Brut zwischen die Honigwaben.

In einem natürlich aufgebauten Volk ist in den meisten Waben beides vorhanden – Brut und Futter, allerdings nicht wahllos verteilt!

Die Brut liegt eher innen, das Futter im Außenbereich der Wabe. Wobei die Bienen darauf bedacht sind, ihre Vorräte möglichst entfernt vom Einflugloch zu lagern, um Räubereien vorzubeugen.

Diese Wabenstruktur wäre aber für den Imker wesentlich aufwendiger zu bearbeiten, wenn es an das Honigschleudern geht, da natürlich keine Brut in den Honig gelangen soll!

Ein normal gesundes Volk ist in der Lage, sich selbst eine neue Königin zu züchten, sollte es seine alte verloren haben oder ihre Leistung zu sehr nachlassen.

Dafür wird eine normale Arbeiterinnenbrut umfunktioniert, indem sie anders und kürzer gefüttert und bebrütet wird.

Königinnen bekommen Gelée Royale.

Alle paar Jahre wäre ein solcher Königinnenwechsel im Volk so oder so vorgesehen, da die Legeleistung der alten Königin irgendwann nachlässt.

Solange sie gut in ihrer Kraft ist, sagt man, dass sie bis zu 2.000 Eier pro Tag legt.

Eine frisch geschlüpfte Bienenkönigin macht sich ziemlich bald auf zu ihrem Hochzeitsflug.

Es ist – wenn alles gutgeht – das einzige Mal in ihrem Leben, dass sie den Stock verlässt.

Sie sucht Drohnen, die sie im Flug begatten – und die danach sterben.

Sie sammelt auf diese Weise eine große Menge Sperma, das sie in einer Blase speichert und über die Jahre beim Eierlegen verbraucht.

Ein Bienenvolk sorgt aber nicht nur für die Vermehrung innerhalb des Volkes, sondern auch für die Vermehrung der Bienenvölker.

Wird die Bienenpopulation zu groß und es wird eng im Stock, teilt sich das Volk. Ein sogenannter Bienenschwarm geht ab. Das ist der natürliche Vermehrungsprozess der Honigbienenvölker. Dafür braucht es dann aber zwei Königinnen – eine, die mit dem Schwarm ausfliegt, und eine, die im Stock verbleibt.

Im Normalfall verlässt die alte Königin mit einem beträchtlichen Hofstaat den Stock und sucht sich mit dem Schwarm ein neues, geeignetes Zuhause.

Sie fliegt aus, kurz bevor die neue Königin schlüpft.

Würde die alte Königin nicht ausziehen, würde die neue versuchen, sie zu töten.

In einem normal guten Bienenjahr teilt sich das Volk in der Regel einmal – das passiert meist im Frühjahr.

Manche Imker arbeiten mit der Schwarmimkerei, lassen das Schwärmen also zu und versuchen dann, den Schwarm einzufangen.

Erwischt man dabei die Königin mit, ist es überhaupt kein Problem und das Volk lässt sich gut in einem Korb oder einer Beute neu ansiedeln.

Andere Imker arbeiten schwarmverhindernd und bilden lieber selbst Ableger ihrer Völker.

In jedem Fall ist es inzwischen so, dass ein Schwarm, der nicht gefangen wird und sich selbstständig wild irgendwo ansiedelt, kaum Chancen hat zu überleben.

Die heutige Biene ist nach den Bedürfnissen des Menschen geformt. Sie ist sanftmütig und sehr fleißig.

Ein Volk trägt heute deutlich mehr Honig ein als noch vor 10 oder 20 Jahren. Inzwischen sollen die Bienen eigentlich schon einen dritten Honigraum füllen …

Für die Bewirtschaftung der Völker – wie man unschön sagt – benötigt der Imker teilweise keine Schutzkleidung mehr. Für den Menschen praktisch, für die Biene fatal.

Es ist dem Menschen möglich, züchterisch auf das Wesen des Volkes einzugreifen, da die Königin ihre Anlagen vererbt. So werden entsprechend gezielt Königinnen gezüchtet, die sanfte und fleißige Nachkommen bringen.

Dieser Eingriff von außen in ein solch sensibles System macht sich irgendwann bemerkbar.

Hinzu kommen weitere Faktoren wie Umweltgifte und Erkrankungen, die der Biene stark zusetzen.

Das größte Problem hier in Europa ist wohl die Varroamilbe. Sie löscht reihenweise ganze Völker aus.

Allerdings kann man das wohl nicht ganz zusammenhanglos von dem Rest betrachten. Dass ein Parasit so stark werden kann, setzt für mich voraus, dass der Wirt geschwächt ist.

In jedem Fall ist die Varroamilbe inzwischen eine ernsthafte Bedrohung für die Existenz der Honigbiene.

Der Imker setzt der Milbe Behandlungen mit Ameisensäure und Oxalsäure entgegen. Diese tötet die Milben ab, lässt aber die Bienen überleben. Das geht allerdings an ihnen nicht spurlos vorüber, und man muss die Dosierung sorgsam beachten – sonst sterben auch die Bienen.

Inzwischen gehen leider trotz fachgerechter Varroa-Behandlung viele Völker an zu starkem Befall, der Varroose, zugrunde.

Und das, obwohl die Anzahl der Behandlungen im Jahr teilweise von zwei auf sechs erhöht wurde. Die Milbe scheint Resistenzen zu entwickeln.

Hinzu kommen Nebenerkrankungen des vorgeschwächten Bien durch Viren oder Bakterien.

Die Lage der Bienen ist also ziemlich dramatisch.

Auch die Veränderung der Landschaft durch den Menschen bekommt die Biene zu spüren. Durch die Monokulturen ist ihr Tisch längst nicht mehr reich gedeckt und es gibt tatsächlich Völker, die im Sommer VERHUNGERN!

Tatsächlich geht es den Bienen in den Städten (die Imkerei in Großstädten nimmt zu) oft besser als denen auf dem Lande.

Dort ist der Artenreichtum der blühenden Pflanzen größer als auf dem Lande, wo ein Großteil der Flächen Ackerland ist.

Es gibt Bestrebungen, wieder mehr Pflanzen zu säen, die sehr früh und noch spät im Jahr blühen, um die Biene zu unterstützen.

Jeder Gartenbesitzer sollte das unterstützen und sich glücklich schätzen, wenn seine Blumen von Bienen besucht werden. Das ist heute keine Selbstverständlichkeit mehr!

Heute kann man gefahrlos barfuß über eine Kleewiese laufen. Das ist keine gute Entwicklung, auch wenn das auf den ersten Blick angenehm erscheinen mag.

Im normalen Bienenbetriebsjahr hier bei uns im Norden wird den Bienen zwei Mal im Jahr der Honig genommen: einmal nach Ende der Rapsblüte im Mai, dann ein zweites Mal im Sommer der Sommerhonig.

Deutlich ertragreicher ist dabei der Rapshonig. Der Raps ist für die Biene eine Tracht (in der Imkersprache die Bezeichnung für eine Nahrungsquelle der Biene), die zunächst sehr angenehm ist, da die Blüte viel Pollen und Nektar bietet.

Imker stellen ihre Völker gerne in die großen Monokultur-Felder der Bauern.

Inzwischen gibt es auch Abkommen, dass bestimmte Pestizide nur nachts ausgebracht werden dürfen, wenn die Bienen nicht fliegen. Denn wenn sie davon zu viel aufnehmen, sterben sie entweder selbst oder der eingetragene Honig ist derart verunreinigt, dass sein Verfüttern zu Missbildungen an der Brut führt. Über Nacht verflüchtigt sich genug des Giftes, so dass die Bienen den Kontakt mit den Pflanzen am nächsten Morgen überleben können.

Es gibt für die Biene aber ein großes Problem bei dem Rapshonig, das sich erst längerfristig bemerkbar macht.

Die Biene lagert den Rapshonig ganz normal verdeckelt in Waben ein. Will sie im Winter auf ihn als Futterquelle zugreifen, ist das nicht möglich. Er kristallisiert mit der Zeit so stark aus, dass er zu „Betonhonig" wird.

Die Bienen können ihn ohne Zusatz von Wasser nicht für sich verwerten, sie bekommen ihn gar nicht gelöst ohne Wasser! Und im Winter haben Bienen bekanntlich keine Möglichkeit, an Wasser zu kommen – selbst wenn kein Frost sein sollte: Sie können dann einfach nicht ausfliegen.

Das hat zur Folge, dass Bienen, die ausschließlich Rapshonig als Futter zur Verfügung haben, den Winter trotz voller Waben wahrscheinlich nicht überleben werden. Aus diesem Grund wird ihnen der Rapshonig vollständig genommen.

Nachdem sie nun komplett ausgeräubert wurden, sammeln die Bienen erneut fleißig Pollen und Nektar aus ihrer Umgebung.

Der Honig ist eine Komposition aus allen Schätzen und Schönheiten, die sie in bis zu drei Kilometern Entfernung von ihrer Behausung finden. Darin ist die Energie des Sommers und die Kraft der Pflanzen gespeichert. Nicht umsonst ist Honig so gesund auch für uns Menschen!

Nach der „Ernte" des Sommerhonigs durch den Imker bliebe dem Volk nicht mehr genug für den Winter. Auch ohne diese zweite Ernte ist das in trockenen Sommern übrigens durchaus möglich!

Es ist also die Sorgfaltspflicht des Imkers, dafür zu sorgen, dass sein Volk genug Futter für den Winter hat.

Im Tausch gegen seinen kostbaren Honig bekommt das Bienenvolk dann industrielles Zuckerwasser oder Sirup.

Die Bienen haben keine Wahl – entweder sie lagern das ein oder sie verhungern.

Dass das rein von der Qualität des Futters (von dem energetischen Wert will ich hier gar nicht sprechen) kein guter Tausch ist, liegt klar auf der Hand.

Die Biene wurde letztlich im Grunde genommen domestiziert – und nun tragen wir die Verantwortung für sie.

Ich habe große Achtung vor dem Berufsstand der Imker und habe im Eigenversuch erfahren, dass es alles andere als leicht ist, ein Bienenvolk gut und achtsam durch das Jahr zu bringen.

Aber ich würde mir wünschen, dass wir alle einen großen Schritt zurück machen von der wirtschaftlichen Nutzung dieses bezaubernden Tieres.

Wenn mehr Menschen – seien es Imker oder Nichtimker – der Biene mit Liebe und Achtung begegnen, wird es ihr besser gehen. Und uns auch.

All unser Fortschritt bricht uns noch das Genick.

Danksagung

Als Erstes danke ich natürlich meinen Bienen! Ich freue mich sehr, dass sie sich entschlossen haben, dieses Buch mit mir zu schreiben.

Auch ich habe wieder vieles dazugelernt und neue Sichtweisen auf das Leben bekommen.

Es ist für mich stets eine Bereicherung und Erweiterung des eigenen Horizontes, mit Tieren zu sprechen.

Und ich danke meiner Lehrerin in Tierkommunikation, Carola Eggers. Sie ist unglaublich achtsam mit allem, was lebt, und ich bin dankbar, ihre Schülerin gewesen sein zu dürfen.

Ein besonderer Dank gilt meinem Patenimker, der immer für mich erreichbar ist und mir stets mit Rat und vor allem Tat zur Seite steht.

Darüber hinaus danke ich meiner Familie, die mich in allem unterstützt und mir jeden Tag Freude schenkt.

Und ich danke meiner verstorbenen Hündin Pebbels. Dank ihr durfte ich die Tierkommunikation kennenlernen. Was für ein wunderbarer Wendepunkt in meinem Leben …!

Kontakt

Weitere Informationen über die Autorin finden Sie auf ihrer Homepage: www.aufrichtung-adams.de. Für Rückmeldung oder bei Fragen zu diesem Buch können Sie Frau Adams auch per E-Mail kontaktieren: T-Adams@gmx.de.

Tatjana Adams

Von Hühnern und Menschen

Was Hühner uns schon länger mal sagen wollten

Hühner beobachten die Menschen sehr genau und sagen ungeschminkt, was wir eigentlich wissen sollten.

ISBN 978-3-941435-22-3
156 Seiten mit Illustrationen, € 10,50

Penelope Smith

Gespräche mit Tieren

Tierkommunikation für Einsteiger

Leicht nachvollziehbare Methoden, Kontakt mit Ihrem Tier aufzunehmen.

ISBN 978-3-926388-69-8
200 Seiten, gebunden € 18,50

Barbara Zierdt

Kleines Katzen-Survival-Kit

Alternative Heilmethoden, Tipps und Tricks, Psychologie - alles in Einem. Kompakt und kompetent.

ISBN 978-3-941435-00-1
136 Seiten, € 13,50

Sylvia Browne

Alle Tiere kommen in den Himmel

Wenn Tiere sterben – und wie sie mit uns in Kontakt bleiben

Protokolle wie die Tierseele weiterlebt, wie wir Kontakt mit ihr aufnehmen und pflegen können.

ISBN 978-3-941435-12-4
Gebunden, 192 Seiten, € 18,50

Robin Ganzert & Allan, Linda Anderson

Tierische Filmstars

Weltstars ohne Geld und Oscars

Wer kennt sie nicht, die Tier-Talente in Filmen wie Hatchiko, Mr. Poppers Pinguine, Gefährten etc.? Wie leben sie jetzt, wie wurden sie trainiert und wer spielte mit ihnen?

ISBN 978-3-945574-54-6
265 S. viele S/w und Farbfotos € 19,90

Elke Leisgang

Gute Kräfte stärken dich

Verbinde Dich mit den Kräften, die in Dir wohnen: Liebe, Bewusstheit, Vertrauen Freude und Dein Leben wird reicher.

ISBN 978-3-941435-35-3
158 Seiten, € 12,50

Sonja Spitteler

Als der Efeu sich verliebte
Vom Zauber der Naturwesen

Einblicke in das Leben quirliger Luft- und Feuerwesen, gutgelaunter Nymphen, eigensinniger Zwergen und weiterer Naturwesen.

ISBN 978-3-945574-18-8
229 S., € 14,95

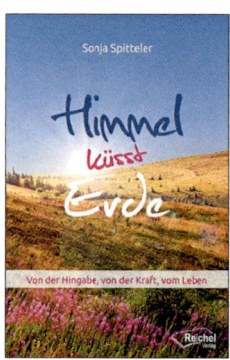

Sonja Spitteler

Himmel küsst Erde

Von der Hingabe, von der Kraft, vom Leben

Fast ein Märchenbuch, das mit seiner Schönheit und Weisheit die Menschen direkt ins Herz trifft

ISBN 978-3-945574-74-4
128 Seiten, € 10,50

W. R. Günzel & Delasalle

Jonathan
Die Ratte muss weg

Jonathan ist ein Genie. Denn er hat eine Fähigkeit, die der gemeinen Hausratte verwehrt bleibt: Er spricht die menschliche Sprache. Ein Buch zum Schmunzeln für Groß und Klein.

ISBN 978-3-945574-53-9
103 S. farbig illustriert € 12,50